インプレスR&D [NextPublishing]

技術の泉 SERIES
E-Book / Print Book

保守運用を自動化・効率化する！

図解と実践で現場で使える

Grafana

干場 雄介／北崎 恵凡／青木 敬樹／高橋 哲平
八神 祥司／鶴岡 浩平／瀧川 大樹　著

impress
R&D
An impress
Group Company

技術の泉
SERIES

目次

はじめに

お読みいただきありがとうございます。

この本は某通信会社でインフラ設備の運用保守業務を担当し、日夜、自動化・効率化に取り組む士が集まり、日常の課題を解決した話をまとめた技術本です。共通のオープンソースアプリケーション Grafana(グラファナ)を使用して時系列データの分析、インタラクティブな可視化および監視を実現しました。

SRE(Site Reliability Engineering)を目指して活動していますが、運用保守業務はいわゆる「コストセンター」と呼ばれ、サービスやシステムの信頼性を高める活動や付加価値を創造する活動にもあまりコストを掛けられません。

前作「現場で使える!GAS(GoogleAppsScript)レシピ集」に引き続きのメンバーに加えて、同人誌は全く初めてのメンバーも執筆しました。

あまり背伸びをせず、自分たちの身の丈に合ったスキルレベルでの内容となっていますが、少しでもみなさまのお役に立てたら幸いです。

2022 年 8 月

北崎 恵凡

表記関係について

本書に記載されている会社名、製品名などは、一般に各社の登録商標または商標、商品名です。
会社名、製品名については、本文中では©、®、™マークなどは表示していません。

第1章 Grafanaのメリット

干場 雄介

1.1 Grafanaとの出会いと活用

”ログがつづら折りになって、いよいよ原因に近づいたと思う頃、大量のアラームが監視の画面を赤く染めながら、すさまじい早さで私を追ってきた。”

1.1.1 はじめに

Grafanaは一言で言うなら、”最高の可視化フロントエンドツール”です。

近年、オブザーバビリティ(可観測性)という言葉がサーバー運用の概念として取り入れられています。私はオブザーバビリティを向上させていく上で、Grafanaは非常に強力なツールだと考えています。

オブザーバビリティは、システムの状態をデータで見える化することですが、Grafanaは様々なシステムが持っているデータをグラフなどで可視化し、集約します。その機能は、オブザーバビリティを向上させる上で非常に有効です。

私の部署の運用チームでは、オブザーバビリティという概念が出てくる前から、パフォーマンスやログの可視化に取り組んできました。ログを可視化することで、システムが処理しているサービスの状態を把握することに取り組み、ログ調査に伴う手作業の苦痛と属人化の予防、システムの見える化を推進することができると考えたからです。

その試みを大きく推進するきっかけになったのがGrafanaです。Grafanaが導入されることで、運用現場では、ログを確認するオペレーション、システムの正常性確認のオペレーションが大きく変わりました。

※私の部署では、ログやシステムの見える化を昔から”可視化”と呼んでいて、今も”オブザーバビリティ”という言葉は馴染んでいません。この文章中でも、私の部署が取り組んだ試みは”オブザーバビリティ”という言葉ではなく、”可視化”という言葉で表現していきたいと思います。

この章では、私がお伝えできる最も具体的な実例として、私の部署のシステム運用がどう変わっていったかをお伝えしたいと思います。

※Grafanaの一般的な説明はWikipediaに譲ります！

1.1.2　Zabbixのカスタムグラフとスクリーンが辛い…

　私がGrafanaを使い始めたのは、たしか5年ほど前、バージョン3の頃でした。当時はまだ、オブザーバビリティという言葉はまだ流行っておらず、ELKスタックによるログ分析が流行り始めた頃でした。

　その頃、ELKスタックと比較されるものとして名前を聞いたのが、Grafanaでした。OSSでフリーで使用できるソフト、データソースを時系列のグラフとして描画するソフト程度の情報でした。そして、それをどう有効利用するのかの情報はあまりなかったように思います。

　当時は、監視ソフトのPrometheus（Grafanaの事例でよく使われます）もまだ出ておらず、ELKスタックにはKibanaが専門の分析ソフトとしてあり、Grafanaはどう使うかというところから調べ始めました。

　そうして調べていく中で、プラグインによってデータソースにZabbixが取れる情報を見つけ、OSの性能メトリクス（CPU利用率やメモリー使用率）のグラフ化を効率化できそうだと導入を始めました。

　当時、Zabbixのバージョン2系を使用しており、複数サーバーの性能メトリクスをカスタムグラフとスクリーン機能でまとめるのが非常に苦痛でした。表示したいデータを選択して、ホストを選択してというポチポチを繰り返す必要がありました。多数のホストや、複数の性能メトリクスをまとめようとすると、延々とポチポチ操作の苦行をすることになります。そんなところに、Grafanaが現れました。

図1.1: カスタムグラフの作成イメージ

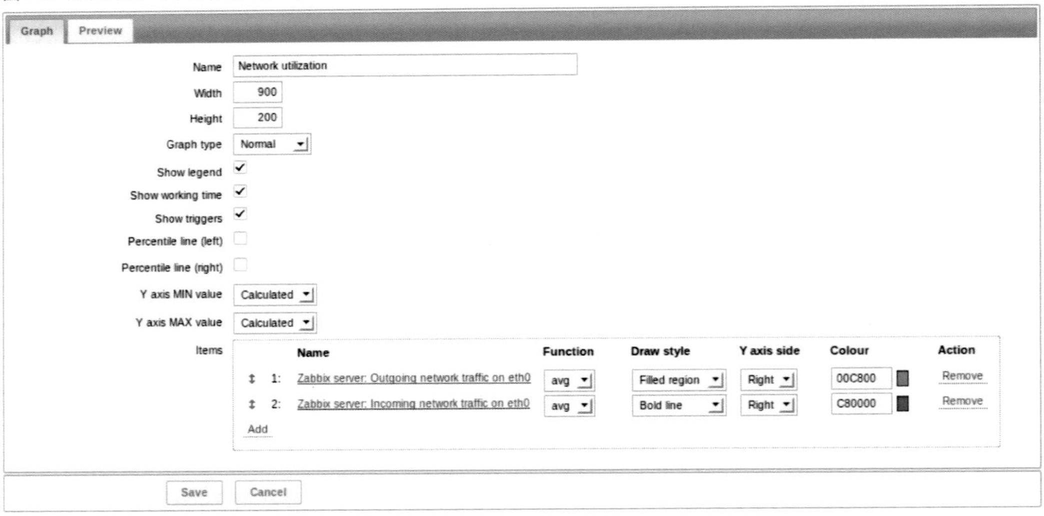

※Zabbix2.2の公式[1]から画像を持ってきました。
こんな感じの画面でホスト選んでアイテム選んでのポチポチを繰り返すのは、腕が痛くなるし無

1.https://www.zabbix.com/documentation/2.2/jp/manual/config/visualisation/graphs/custom

理だなーと諦めました。

　楽な手段はないかといろいろ探していたところ、GrafanaとZabbixの連携を紹介したサイトで、Zabbixのホストやアイテムの指定を正規表現で行っている画像を見つけました。ポチポチしないでも、正規表現でメトリクスを指定し、グラフ化する。

　これは、Zabbixのスクリーン機能でグラフをまとめるのが、バカバカしくなるほど快適でした。

　データソースにZabbixをとり、管理しているサーバーのOSの性能メトリクスをすべてGrafanaでグラフにしました。

　ただ、これだけでは、性能メトリクスのグラフが大量にできただけでした。

図1.2: 正規表現での指定

Query Mode	Metrics		
Group	/.*/	Host	/.*/
Application	CPU	Item	
Functions	+		Context switches per second
▸ Options:			CPU user time
			CPU interrupt time

　※GrafanaVer8の画像ですが、以下の特徴が出ています。
　・GroupとHostが正規表現で設定できる
　・item欄は選択できる項目がプルダウン表示

1.1.3　ログの可視化を行う！

　次に取り組んだのが、ログの件数のグラフ化でした。私の部署のシステム運用では、グラフ化を可視化と呼んでいました。アプリケーションのログの件数をグラフにし、可視化する。今から見れば重要な機能なのですが、当時は今ほど重要視されていませんでした。

　その理由は、当時使用していた社内ツールの使いづらさにありました。当時、使用していたのはRRDツール[2]を中心にしたもので、以下のような手間のかかるものでした。

　1．サーバー側でRRDツールで取得できる様式のファイルをシェルスクリプトで生成
　2．RRDツールで取り込み
　3．RRDツールのグラフを運用部門のWEBページにURL貼り付け

2.https://oss.oetiker.ch/rrdtool/

図 1.3: RRD ツールのイメージ

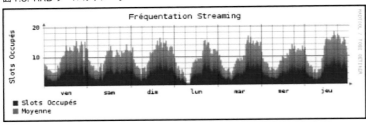

こんな感じのグラフができるのですが、数値の縦軸も横軸もわかりづらい、各ホストをまとめる
グラフも作りづらい、多数のデータを一気に読み込ませて欠損が発生したりと、運用ツールの主役
になれない課題が複数ありました。

これを Zabbix+Grafana に置き換えました。RRD ツール向けのファイルを、ZabbixSender コマン
ドで読み込める様式に変更し、Zabbix に取り込みました。
毎分 cron でスクリプトを動かし、ZabbixSender コマンドでログ件数を格納するようにしてある
だけです。もちろん、まったくの労力ゼロでできたわけではありませんが、まあ、たいした手間で
はありませんでした。
※次章で紹介しますが、ZabbixSender コマンドはかなり便利です。

Zabbix に取り込んだことで、Grafana でグラフとして可視化できるようになりました。Grafana に
よって、見た目とグラフの作成しやすさが向上したことで、ログの可視化を確認することが、運用
チーム内で徐々に普及し始めました。

図 1.4: Grafana で可視化リクエスト成功数

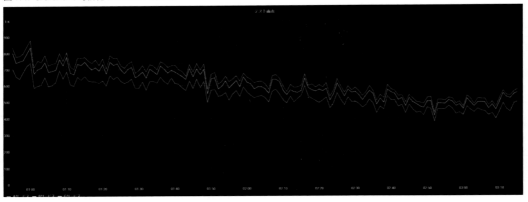

※当時の画像が残っていないので、GrafanaVer8 での画像です。

1.1.4 ログの可視化が変えたもの

当時、最も重要視されていたサービスの状態確認の手段は、端末試験やシミュレーターによる擬

似リクエストでした。ログは可視化してあるものは参考にするが、基本はログインしてコマンドで集計するものという扱いでした。

　ただ、この運用には課題がありました。

　端末試験やシミュレーターが失敗しても、それが端末やシミュレーターの問題かどうかわからないことがあったのです。

　また、端末試験やシミュレーターは、あくまで1リクエストの試験でしかないので、どのくらいのユーザーやリクエストに問題が起きているのかもわかりませんでした。

図1.5: 端末試験

　ユーザーやリクエストの影響規模や、リクエスト全体が正常な傾向にあることは、サーバーにログインして、ログを集計して確認していました。

　これは非常に時間がかかるオペレーションでした。手作業だったり、シェルスクリプトで頑張っていました。

　また、時間がかかるのももちろんですが、オペレーションがログの内容に通じた有識者に属人化する課題もありました。

　影響規模、復旧判断に求められる時間的要求を満たすことは難しい状況でした。

　そこで、さきほど述べたように、ログの可視化にGrafanaを利用しました。Zabbixにアプリケーションの成功ログの件数を格納し、それをGrafanaで可視化しました。

　アプリケーションのログを可視化すると、どんな変化が起きるのでしょうか?

　端末試験やシミュレーターよりも、ログの可視化をまず確認するようになりました。可視化された成功ログのグラフを見れば、サービスへの影響がどの程度あるのかが一目瞭然だったからです。

図1.6: ログの可視化1

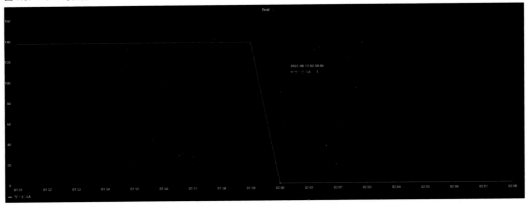

※当時の画像が残っていないので、GrafanaVer8での画像です。

02:00に急にトラフィックが急落していることがわかります。

図1.7: ログの可視化2

　システム運用にとって、サービス影響が"ある"こと、"ない"ことを明確に確認できるのは、とても大きなことでした。さきほど述べたように、端末試験やシミュレーターは1回のリクエストに過ぎず、信用度に欠けます。手動でのログ集計はオペレーションのためのナレッジが属人化しやすく、また、コマンドミスもありえます。

　私は、夜中にオンコールを受けたときに不安でした。端末試験やシミュレーターの結果で判断したとき、自分の判断の根拠が脆弱で不安でした。そういった不安が、ログを可視化することで大き

く軽減されました。

　可視化されたログを見れば一発ですし、可視化された結果は、自分以外の有識者も同じ判断をするに違いないという安心感がありました。

　現在、障害が起きるたびに、私はGrafanaで可視化したログを最初に確認しています。もちろん、端末試験もシミュレーターもログ調査も今でも行いますが、それらはあくまで補足的な詳細調査で、障害時の初動はGrafanaの確認です。

　Grafanaでアプリケーションログを可視化することで、サービス・システムの状態がデータとして明示され、それを根拠に判断できるようになります。これを運用チームの仕組みとしてできるようになったとき、私はチームとして運用する実感と、それによる安心を得ることができました。

　"Dashboard anything. Observe everything. Query, visualize, alert on, and understand your data no matter where it's stored. With Grafana you can create, explore and share all of your data through beautiful, flexible dashboards."

　"すべてをダッシュボードに、すべてを観測できるものに"

　Grafanaを開発している"Grafana Labs"の説明です。
　ログは数値化し可視化することで、初めてデータとして活用できます。ここ数年、オブザーバビリティという概念が運用チームで重要になってきています。データを元にした判断が、オブザーバビリティの目的のひとつです。
　私はGrafanaを"最高の可視化フロントエンドツール"だと考えています。ELKスタックやDatadogや、各クラウドの監視サービスもありますが、システム運用の現場でオブザーバビリティを実現するツールとしては、GrafanaがNo1のツールだと考えています。
　私の運用チームは、Grafanaでオブザーバビリティに取り組むことができるようになり、運用が変わりました。

　私の章では、これからGrafanaでオブザーバビリティを推進していく上での特徴やメリットをお伝えしていきたいと思います。

1.2　優秀な点その一：豊富なデータソースと統合表示

　"リリースまえの機能のリリースノードに眼ざめながら、熱い「期待」の感覚をもとめて、辛い夢の気分の残っている意識を手さぐりする。"

1.2.1 バックエンドの製品の選択肢が多いというメリット

Grafana は標準機能として以下のバックエンドを公式サポート[3]しています。

AWS、Azure、GCPの監視サービス、Elasticsearch、Prometheus といったツールとしてメジャーどころが押さえられており、Graphite や InfluxDB、MySQL や PsotgreSQL も入っています。

これだけでもかなり守備範囲が広いといえるでしょう。

図1.8: バックエンドとして公式サポートされている製品

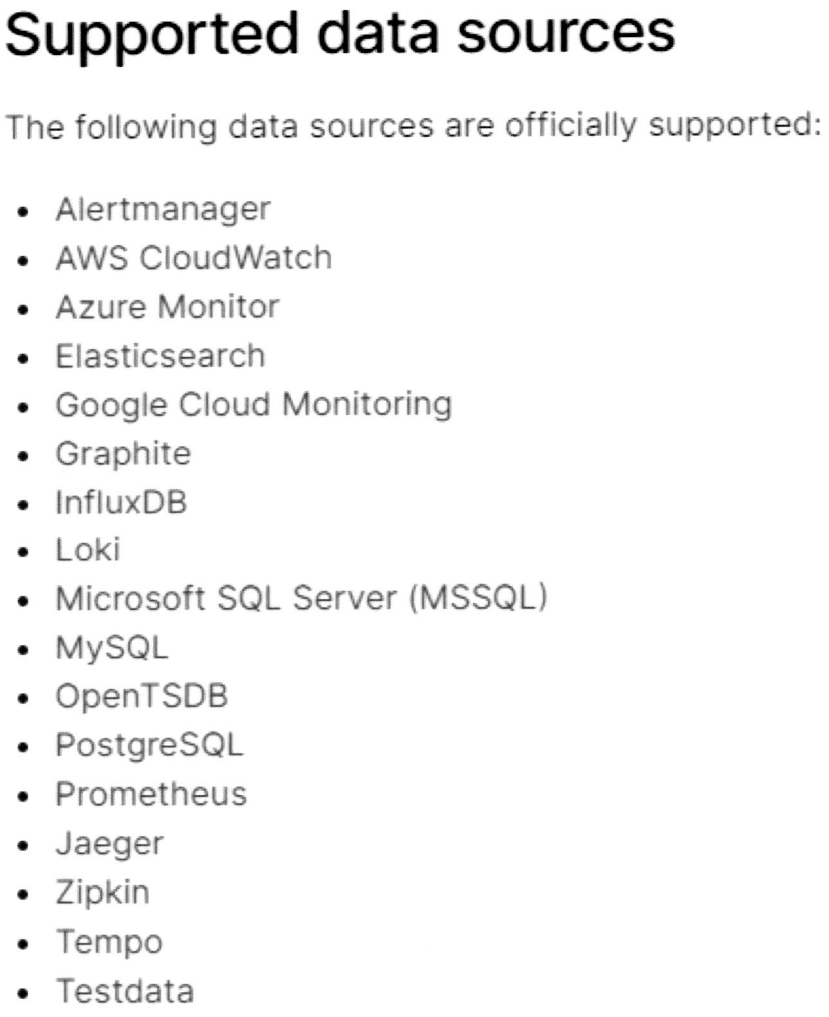

Supported data sources

The following data sources are officially supported:

- Alertmanager
- AWS CloudWatch
- Azure Monitor
- Elasticsearch
- Google Cloud Monitoring
- Graphite
- InfluxDB
- Loki
- Microsoft SQL Server (MSSQL)
- MySQL
- OpenTSDB
- PostgreSQL
- Prometheus
- Jaeger
- Zipkin
- Tempo
- Testdata

Grafana にはさらに、コミュニティーで提供されているプラグイン[4]があります。さきほどご紹介

3.https://grafana.com/docs/grafana/latest/datasources/

4.https://grafana.com/grafana/plugins/alexanderzobnin-zabbix-app/

した事例のZabbixは、コミュニティーのプラグインです。

※Zabbixを公式サポートしてくれればいいのに！と思います。

図1.9: コミュニティー提供のZabbixのプラグイン

Grafanaが出しているプラグインやエンタープライズ版のみのプラグインにも、多数の製品があります。Cassandra、Bigquery、Datadog、OracleDB、Splunkといった製品のプラグインもあります。

今後も新しい製品が出てくる度に追随して、増えていくことでしょう。

※DatadogやSplunkなどは面白そうだと思っていますが、エンタープライズ版で有料なのがなかなか手を出しにくいですね

1.2.2　複数のデータソースを組み合わせると…

Grafanaは複数のデータソースをひとつのパネル、ひとつのダッシュボードにまとめることができます。

これらは実運用の場では、以下のメリットをもたらします。

・同じシステムに使用している複数のデータソースを同じダッシュボードにまとめる

　—例：ログ検索にElasticsearch、監視にZabbixを使用

・（別のツールを使用している）関わりにある複数のシステムの情報をまとめる

　—例：システムAはZabbixを使用、関連システムBはPromethuesを使用

ひとつのシステムの中で、ログはElasticsearchに保存し、ZabbixでCPU使用率を取得しているシステムもあれば、あるシステムはAWS上のCloudwatchに統計情報を保存していたりもするでしょう。システム運用の現場では、構築された時期や設計思想で様々なデータソースがあります。

そういった差分を、Grafanaはフロントエンドとして吸収してひとつのパネル、ダッシュボードにすることができます。

"バラバラなシステム環境のデータをフロントエンドでひとつに統合できること"は、システム運用の現場では非常に大きなメリットです。

多くの監視ツールは、そのツールで取得したものしかビジュアライズできません。つまり、シス

テム環境を統一しないと大きな効果を出せません。標準化を徹底し、統一することに苦難を伴っていないシステム環境であれば、問題もなく、よいでしょう。

しかし、監視ツールがバラバラなシステムを取り扱うのであれば、Grafanaの複数の製品をバックエンドに取れるという特徴は、複数のシステムの差分を受け入れて、ダッシュボードにまとめます。バックエンドは、Grafanaに対応している製品でありさえすればよいのです。

バラバラなツールのデータを無理にまとめる必要がなく、今のままのシステム構成でダッシュボードをまとめるという、非常に融通の利く運用ができるのです。これがGrafanaの優秀な点のその一です。

1.3　優秀な点その二：データ基盤がなくても始められる

"ある夜間作業明けの朝、必死で目を覚ましてログの集計をした時、これはもうぐずぐずしてはいられない、と思ってしまったのだ。"

1.3.1　Grafanaは自分自身でデータを持たない

Grafanaは前章で述べたように、豊富なデータソースをバックエンドに取ることができます。また、パネル毎に別のデータソースにすることもできますし、同じパネルの中で複数のデータソースを使うこともできます（値の複合はできませんが）。

Grafanaは、データを持っていません。バックエンドのデータをWEB画面上で描画するのみです。ビジュアライズ機能を備えたプロキシです。

自分自身はデータを持たず、複数のデータソースを参照するだけのプロキシ。これは、Grafanaを始める上で、特別にスペックの高いシステム環境が不要なことを意味します。自分自身ではデータを持たないので、巨大なディスク容量を持たなくていいですし、あくまでプロキシなので、Grafana自身の要求性能は高くありません。

並みのスペックのサーバーに、とりあえずインストール[5]してみたレベルの取り組みから始めることができます。

図1.10: 要求スペック

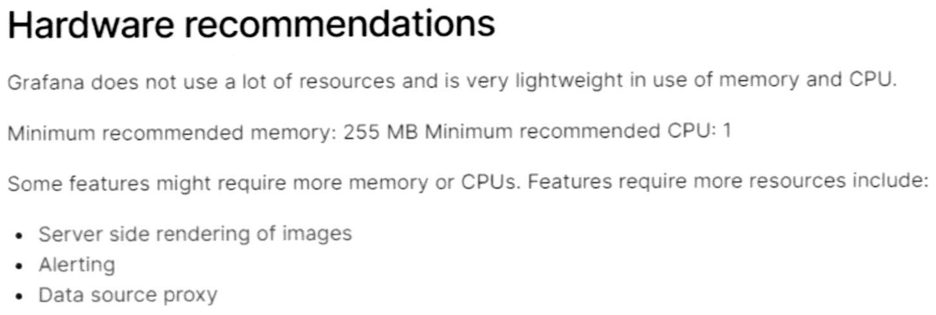

Hardware recommendations

Grafana does not use a lot of resources and is very lightweight in use of memory and CPU.

Minimum recommended memory: 255 MB Minimum recommended CPU: 1

Some features might require more memory or CPUs. Features require more resources include:

- Server side rendering of images
- Alerting
- Data source proxy

5.https://grafana.com/docs/grafana/latest/setup-grafana/installation/

1.3.2 大規模データ基盤がなくてもいい

データソースについて、各システムに分散したものを、Grafana上でまとめて参照することができるので、データソースに統合されたデータ基盤がなくても始めることができます。巨大な容量のストレージを準備し、そこにログを流し込む設計をするといった、大きな計画を立てる必要がないのです。

とりあえずのありものの構成で、Grafanaのデータソースとして連携可能なサーバーがあればOKです。Grafanaをインストールし、データソースに連携してみる。それを時系列グラフで可視化してみるというところから始められるのです。そして、ありのもののデータに対する、時系列グラフでも十分に便利で、価値を実感できます。

データ基盤のような大規模設備がなくても、可視化の取り組みを始めることができる。これが、Grafanaの優秀な点のその二です。

図1.11: スモールスタート

1.4 優秀な点その三：オンデマンドなグラフ作成

"ぼくは時々、世界中の携帯電話という携帯電話は、みんな検証テストをするエンジニアたちの机の上かなんかにのってるんじゃないかと思うことがある。"

1.4.1 思いついたときに簡単グラフ作成

Grafanaは、データを可視化したパネルをひとつのダッシュボードにまとめます。この作成が非常に簡単なことも、特徴のひとつです。

ダッシュボードを作成し、そこにデータを表示するパネルを配置していくだけです。パネルは大きさや位置を、ドラッグ＆ドロップで自由に変更できます。また、パネルを区切る「列」でパネルを整理することもできます。

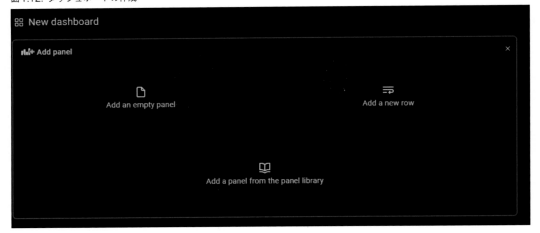

作成したパネルは編集画面で、データソースを選択するだけで表示されます。表示や数値の処理で様々なオプションがあり、見やすくしたりするためのカスタマイズができます。気になるデータがあったら、その場でパネルを追加して、可視化してみましょう。ダッシュボードもパネルもコピー可能で、試行錯誤しながら作成できます。

実際に使ってもらうとわかると思いますが、グラフの作成しやすさ、こだわりを追加するためのオプション、いずれの面でも非常に優れています。前提は、データを持っているバックエンドがデータソースとして登録されていることだけです。

このダッシュボード作成の簡単さが、チームに可視化への取り組みを拡大します。学習コストが低く、敷居がとても低いのです。新人や後発のメンバーでも簡単に取り組めるというのは、チームで取り組む上で大きなメリットになります。その点で、Grafanaはチームにとても展開しやすいツールです。

また、簡単に作成できるということは、作成にかかる所要時間が短いということです。時間のかかる準備もなく、WEB画面上で思いついたときにオンデマンドで設定できるのです。思いついたときに、すぐに設定することができる。これがGrafanaの優秀な点のその三です。

1.5　優秀な点その四：可視化以外の情報の表示

"前置きの長いマニュアルを抜けるとリンク切れであった。"

1.5.1　可視化に使う基本的なパネル

ここまでGrafanaでデータを可視化することを説明してきましたが、Grafanaは可視化以外のパネルもあります。さまざまな種類のパネルがあり、元々の種類も多い上に、プラグインで追加されるパネルもあったりと、私も知らないパネルがたくさんあります。使いながら便利なものを見つけていっては、ちょっとずつ運用に取り込んでいます。

可視化でもっとも基本的なのは、"Time series"パネルになります。これは文字通り、時系列デー

タをグラフ化して表示するものです。このパネルが1番よく使いますし、これで十分ともいえるのですが、他にも便利なパネルがあるので、この章では可視化以外のパネルの説明をしていきたいと思います。

　可視化だけではなく、様々な便利なパネルがあることが、Grafanaの優秀な点のその四です。

図1.13: Time series パネル

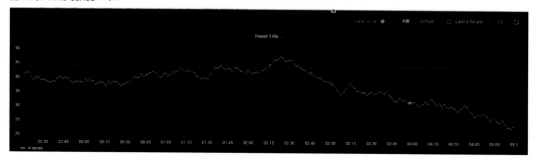

1.5.2　Zabbixのアラームも出せる

　Zabbixプラグインを追加すると、"Zabbix Problems"パネルが追加されます。このパネルはZabbix上のProblemを表示します。平たくいえば、アラームを表示してくれるようなものです。

　Time seriesパネルでサービスのリクエスト数を可視化し、その隣にこのZabbix Problemsパネルを配置しておけば、サービスの状態とシステム監視の状態をまとめて確認することができます。

図1.14: Zabbix Problems パネル

1.5.3　Tableパネルでデータをテーブルで見る

　"Table"パネルも便利な機能です。Grafanaの基本であるTime seriesパネルは時系列でデータを表示するので、個別の値を一覧して表示するのには向いていません。このパネルは、データをテーブルで表示します。

　Elasticsearchのデータをテーブルで一覧表示するときなどに便利です。特定条件にひっかかるデータを表示するようにしておくと、助かるシチュエーションもあるかと思います。

図 1.15: Table パネル

※ Metric は"Raw Data"を選択する

※ Transform タブの"Organiza fields"を使用すると、表示カラムの絞り込みや順番変更ができる

1.5.4 地味に便利なテキストパネル

"Text"パネルはその名の通り、テキストを表示するパネルです。Markdown（デフォルト）と HTML の記法に対応しています。

データの可視化をしている Time series パネルの隣に、その説明やデータの意味をテキストで残しておくことができます。データの可視化以外に、フリーでテキストの説明を記載できるのは、可視化データの使い方というちょっとしたナレッジを、チームで共有し、残しておくのに便利です。

また、Markdown で記載したテキストを表示することができるので、簡単なポータル用の Web サーバーとしても使うことができます。可視化がなくても、テキストで説明やリンクがまとめてあれば、ポータルとしても便利です。Grafana は認証機能や権限管理にも優れているので、チーム内のポータルとして Apache などで WEB サーバーを構築するよりも、Grafana をポータルにしていくのもひとつの手です。

図 1.16: Text パネル

Panel Title

Markdown記法で書ける！
リンク集とかも作れる！
可視化グラフの説明も書ける！

1.6 優秀な点その五：アカウントと権限管理が優れている

"八月のある日、チームメンバーが一人、突然の異動になった。"

1.6.1 地味だけどスケールできる管理方式

Grafana のアカウントとアクセス権限の仕組みは、利用するユーザーが増えても対応しやすい仕

組みになっています。その仕組みの中心は"Organization"です。特殊な仕組みでもないのですが、これがOSS版でも利用できることで、アカウントとアクセス権限の管理がスケールしやすくなっています。

　Organizationによって、Grafanaのアカウントと権限管理は、Organization毎の管理者が行います。つまり、Grafanaの最上位の管理者が全てを管理するのではなく、Organization毎の管理者に管理者操作を移譲できるのです。

　ポイントはこの章でこれから説明しますが、アクセス範囲と権限を必要十分に設定でき、さらにその管理を各Organizationの管理者に移譲できる。これがGrafanaの優秀な点のその五です。

1.6.2　Organizationでの分散管理

　"Organization"は、ダッシュボード、ユーザー、アクセス権限の設定範囲として使われます。Organization"組織A"にあるダッシュボードは、"組織A"のアクセス権のないユーザーは参照できません。また、ユーザーのアクセス権は、まずベースとして"組織A"に対して付与されます。

　ユーザーは複数のOrganizationに所属することができ、それぞれでOrganizationの管理者から付与されたアクセス権限を持ちます。参照するOrganizationを切り替えるときは、Grafanaの画面上で参照するOrganizationをスイッチします。

図1.17: Organizationを切り替えるイメージ

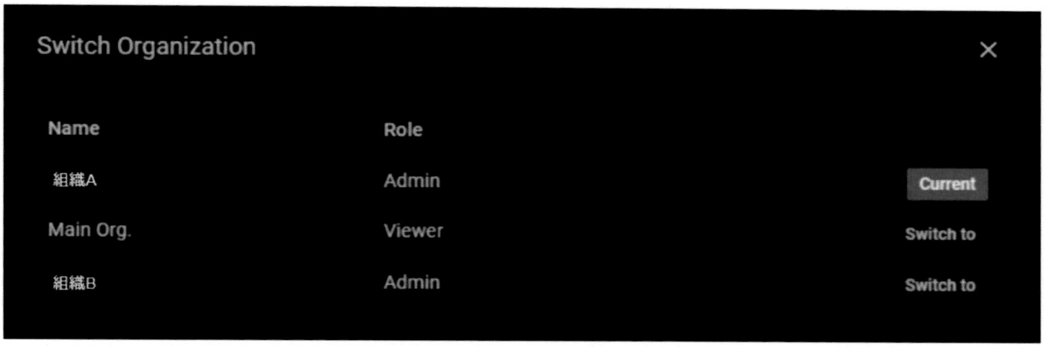

Switch Organization

Name	Role	
組織A	Admin	Current
Main Org.	Viewer	Switch to
組織B	Admin	Switch to

　※ Main.Orgはデフォルトで最初から作成されているOrganizationです。

　Organizationは、Grafanaのグローバルの管理者権限（サーバー管理者）でのみ作成可能で、各Organizationの管理者が独自に作成することはできません。Grafanaのグローバルの管理者は最上位の管理者としてOrganizationの作成を制御し、Organization内は、Organization内の管理者に管理を任せるという運用ができます。これにより、ユーザー数が増加しても、管理を分散し、Grafanaの利用拡大を進めることができます。

1.6.3　アクセス権の種類

　Organization内で付与可能なアクセス権限[6]は、以下の3つになります。

6.https://grafana.com/docs/grafana/latest/administration/roles-and-permissions

・Admin
—Organization内の管理者権限。Editor権限でできることに加えて、ユーザー管理系の操作や、データソースの追加が可能。
・Editor
—ダッシュボードやパネルの作成。編集、削除が可能。ただし、ダッシュボード作成関連のうち、データソースの追加はできない
・Viewer
—参照権限。ダッシュボードやパネルの内容を変更することができない。表示する時間帯の変更は参照権限の範囲で可能。

図 1.18: Grafana の Organization 内の権限一覧

Grafana uses the following roles to control user access:

- **Organization administrator**: Has access to all organization resources, including dashboards, users, and teams.
- **Editor**: Can view and edit dashboards, folders, and playlists.
- **Viewer**: Can view dashboards and playlists.

The following table lists permissions for each role.

Permission	Organization administrator	Editor	Viewer
View dashboards	x	x	x
Add, edit, delete dashboards	x	x	
Add, edit, delete folders	x	x	
View playlists	x	x	x
Add, edit, delete playlists	x	x	
Create library panels	x	x	
View annotations	x	x	x
Add, edit, delete annotations	x	x	
Access Explore	x	x	
Add, edit, delete data sources	x		
Add and edit users	x		
Add and edit teams	x		
Change organizations settings	x		
Change team settings	x		
Configure application plugins	x		

　ポイントは、Admin権限にデータソースの追加も含まれているということです。バックエンドとしてのデータ取得先の指定は、Editor権限ではできません。これは、データの取得先の制御という点で妥当で、Admin権限でデータの取得先を制御可能ということになります。ダッシュボード作成のためのEditor権限のメンバーに、Grafanaで見せたくないデータを勝手に取得されたら困りますよね？この点で、データソースをAdmin権限にし、Editor権限をダッシュボードの編集用として扱っているところが、うまく役割を分けることができていると感じます。地味だけど使いやすい権限になっています。

1.6.4　フォルダーのアクセス権と Team

　Grafana のアクセス権は、基本は Organization レベルの権限で管理します。ただ、もっと細かく、Organization 内の特定のダッシュボードは特定メンバー以外の参照権を外したい、ダッシュボード単位やダッシュボードをグループにして権限を管理したいという状況もありえると思います。また、そういった特定のダッシュボードに対して、ユーザー毎にこまごま権限設定をせず、ユーザーをグループ化して権限を制御したいという状況もありえると思っています。そういった状況のためにご紹介するのが、フォルダーと Team の機能です。

　ダッシュボードは、フォルダーという単位でまとめることができます。フォルダーは複数の階層を持てず、単一階層になりますが、用途が同じ複数のダッシュボードを同じフォルダーに入れて、たくさんあるダッシュボードを整理できます。フォルダーは、フォルダーに対して権限設定が可能で、フォルダー内のダッシュボードに権限設定が継承されます。ダッシュボード毎に権限設定も可能ですが、特殊な権限にしたダッシュボードがわかるように、単一のダッシュボードでもフォルダーで権限設定し、そこにダッシュボードを入れていくのが、権限を管理しやすいかと思います。

　Team はユーザーをグループにまとめる機能です。特定のフォルダーに対して同じアクセス権を付与したいときに、Team を作成しておけば、Team に加えるだけで済むので、管理が楽になります。

　フォルダーと Team を使って権限を制御します。フォルダーは、デフォルトで Admin、Editor、Viewer 権限のグループの権限が付与されています。この状態に、Team の権限設定を追加したり、元々付与されている Viewer 権限や Editor 権限を削除して、細かいアクセス権の制御を行うことができるようになります。

図 1.19: フォルダーの権限、Team のアクセス権付与イメージ

※全体の Viewer 権限を削除
チーム A、チーム B に Viewer 権限を付与

1.7　ELK スタックの Kibana と何が違うの？

　"今は昔、ログ取の ELK といふものありけり。システムにまじりてログを取りつつ、万の事に使ひけり。"

1.7.1 ElasticsearchになぜGrafanaを使うのか

ログの可視化というと、代表的な製品として、ELKスタックがあげられるかと思います。Elasticsearchにlogstashを用いてログを取り込み、Kibanaを用いてログを可視化するというのが一般的なパターンです。Elasticsearchを可視化する上でGrafanaとKibana、どちらを使うのがよいか考えてみましょう。

Elasticsearchに対する可視化という点で、KibanaとGrafanaは似たような機能を持っています。KibanaはElasticsearch用の純正の可視化ツールで、調べた限り、ELKの可視化において非常に強力なツールとして知られています（私はKibanaの利用経験があまりありません）。Kibanaは時系列に限らず、様々な可視化を実現し、ビジネスに役立てることができるツールです。

それに対してGrafanaは時系列中心で、Kibanaに比べると、Kibanaほど詳細な分析はできないと思います。

ただ、ビジネスのための分析ではなく、システム運用のための分析という用途で考えたとき、Grafanaの時系列中心の可視化は不足でしょうか？

システム運用の場面で重要なのは、時系列で見たときに大きな変化をしているか、現在の値がSLOを満たしているかどうかです。これらは複雑な分析を行って可視化するものではなく、格納されているデータをそのまま可視化することで出せるもの、出すべきものです。

であれば、Kibanaほどの強力な機能はなくても、Grafanaで十分であり、すでに述べたような、豊富なデータベースを取れるメリットと集約した表示を考えるなら、システム運用の場面ではGrafanaの方が融通がきいて扱いやすいでしょう。むしろ、システム運用のために特化した可視化がGrafanaといえるでしょう。

私見ではありますが、まとめると、Kibanaはビジネス分析まで視野に入れたELKのための可視化ツールで、Grafanaは多様なデータソースの中でELKも扱うシステム運用に特化した可視化ツールと考えていただくとわかりやすいかと思います。

1.8 Enterprise版って何？

"いづれのおほん時にか、OSS版あまた侍ひ給ひけるなかに、いとやむごとなききはにはあらぬが、エンタープライズ版すぐれて時めき給ふありけり。"

1.8.1 1番の違いはプラグインの種類

GrafanaにはOSS版とEnterprise版、そして、Grtafanaが提供するGrafana Cloud[7]があります。OSS版とGrafana CloudのFreeプランは無償ですが、Enterprise版とGrafana CloudのProプラン以上は有料になります。

いろいろな機能で違いはありますが、注目したいのは、"Enterprise plugins"です。

これはGrafanaのEnterprise版とGrafana CloudのProプラン以上でなければ、入手できません。

7.https://grafana.com/pricing/

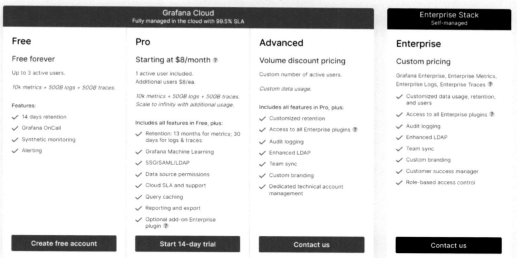

　※この画像では Grafana Cloud の Pro プランに "Enterprise plugins" の文字がありませんが、同ページの下部の Compare features には、Pro プランにも "Enterprise plugins" のチェックが入っています。

　Grafana の Enterprise plugins[8] には何があるか見てみましょう。システム運用に従事する私個人の立場としては、Datadog、Splunk は要注目と感じます。

　Datadog、Splunk は SaaS で、独自に Web 画面を提供しています。ただ、自分のチームの管理下のシステムがすべて Datadog、Splunk を導入しているとは限らず、一部導入に留まっている場合もあるかと思います。そういったものを Grafana で統合するのに使えそうなプラグインのように思います。また、Jira、ServiceNow や Salesforce も利用している会社や部署では興味を引くように思います。

　プラグインは、Grafana のデータソースとしてのバックエンドを拡充するものなので、Grafana の OSS 版と Enterprise 版でプラグインに違いがあることは知っておきましょう。

8.https://grafana.com/docs/plugins/

図 1.21: Grafana の Enterprise plugins

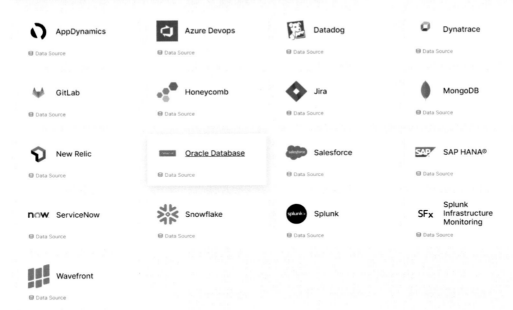

Grafana Enterprise data source plugins

With a Grafana Enterprise license, you get access to the following Enterprise data source plugins:

さて、Grafana の Enterprise 版ですが、日本ではあまり情報がありません。取り扱っている代理店はあるのかといった点が疑問になるかと思います。

私の調べたところでは、サイオステクノロジーさんのプレスリリース[9]で取り扱いされていることを確認しました。私の部署で Enterprise 版のプラグインの利用を検討したことがあり、サイオステクノロジーさんに問い合わせをしたところ、Grafana Enterprise 版の取り扱いがあり、見積りをいただいたこともあります。検討を考えている際は、問い合わせてみてもいいでしょう。

※見積り情報は非公開情報なので、ここでは書きません。

9.https://www.sios.com/ja/news/press/20210412-Grafana.html

図1.22: サイオステクノロジーのプレスリリース

サイオステクノロジー、データ可視化ソリューション「Grafana Enterprise」国内初の取扱開始

データの一元的な可視化により、複雑化したAPIプラットフォーム構築・運用を支援

2021年4月12日　　サイオステクノロジー　　**テクノロジー**

サイオス株式会社（本社：東京都港区、代表取締役社長：喜多伸夫、東京証券取引所 第二部：3744、以下、サイオス）の事業会社である、サイオステクノロジー株式会社（本社：東京都港区、代表取締役社長：喜多伸夫、以下、サイオステクノロジー）とGrafana Labs（本社：米国ニューヨーク州、CEO:Laj Dutt、以下、Grafana Labs)は、日本国内におけるGrafana Labsの製品販売に関するパートナーシップ契約を締結しました。本契約により、サイオステクノロジーは日本で初めて「Grafana Enterprise」を使用したサービスの開発支援、自社環境に適した形にカスタマイズしたインテグレーションサービスの提供を開始します。

1.9　まとめ：最高の可視化フロントエンド

"恥の多い障害を送ってきました。自分には、障害の切り分けというものが、見当つかないのです。"

1.9.1　フロントエンドとして優秀な点

ここまで、以下のメリットを取り上げてきました。
・データソースを複数の製品で取れること、同じダッシュボードに表示できること
・データ基盤がなくても、可視化を実現できること
・オンデマンドでパラメーターを変えたグラフ作成ができること
・可視化以外の情報も表示することができる
・アカウントと権限管理ができ、さらに管理者の分散ができること
　ここまでもお伝えしてきましたが、これらのメリットは、可視化フロントエンドとして非常に重要なメリットです。

なぜなら、実際のシステム運用は、様々なサービスのシステムが増設され、様々な部署のユーザーが利用し、システム毎の違いに悩まされ、データの意味に新人は悩み、部署のアクセス制御に気を遣うものだからです。きれいに整った環境なんて、そうそう現場にはありません（ですよね？）。

Grafanaはシステム毎の違いを吸収し、使い方もテキスト情報で掲載しながら、フロントエンドとして統合します。また、パラメーターを変えながらグラフを試行錯誤し、最適なダッシュボードになるように改善することも容易です。様々な部署のメンバーがアクセスしてきても、管理を分散し、コントロール可能な仕組みになっています。今、述べたような点から、私は、Grafanaはきちんと使えば、チームの運用を大きくいい方向に変える製品だと確信しています。

1.9.2　障害なんかこわくない

Grafanaにより、システム運用のオブザーバビリティは大きく向上します。オブザーバビリティ

の向上した環境では、障害時の最初の切り分けは、ログ調査ではなく、可視化グラフの確認が中心になります。

　可視化グラフの変化の確認なら、ベテランでも新人でもオペレーションの差は発生しません。もちろん、判断の差は完全には埋まらないでしょうが、ログ調査で得られる情報格差は確実に縮みます。各自がログ調査をし、詳細調査をすることが初動ではなくなるでしょう。チームの初動が可視化グラフを見ることに変わり、チームが可視化データの共通認識の下に対応を進めるようになるでしょう。

　可視化データが最も有効活用されるのは、障害対応でしょう。障害対応の判断はもちろんですが、障害対応の事後対応として、障害の教訓を活かした新たな可視化グラフが追加されるでしょう。これにより、障害対応に必要な確認が可視化グラフという形でチームに残されるようになります。これはナレッジの蓄積とチーム内共有で、属人化を予防し、チームとしてのトラブルシュート力を向上させます。

　障害発生による夜中の電話、何が起きているかわからないシステム異常、推測混じりの情報で混乱する現場は嫌なものです。Grafanaによる可視化グラフは、個人による属人的な調査になりがちなトラブルシュートを、チームでのトラブルシュートに変えていくことができるのです。

　あらためてまとめます。

　Grafanaの統合されたフロントエンドによって、チームの運用はデータを中心に洗練されていくでしょう。

　データをチーム全員で同じ画面で参照することで、チームのナレッジの共有が進むでしょう。

　データを根拠にした議論や判断は、サービスやシステムの理解を深めていくでしょう。

　そして、チームのトラブルシュートの品質を向上させていくでしょう。

　Grafanaによる可視化の推進は、ありもののデータを可視化することが、その第一歩です。その一歩さえ踏み出せたら、障害に対してGrafanaが見せるデータで戦えるようになります。Grafanaを使ったことがない人は、Grafana導入を検討してみましょう。Grafanaがあれば、障害なんかこわくない。

第2章　実機設定に向けて

干場 雄介

2.1　全体構成を考える

"エンジニア採用の李徴は博学才穎、2000年問題の末年、若くして名をチームリーダーに連ね、ついで管理職に補せられたが、性、技術職、自ら開発するところ頗る厚く、マネージメントに甘んずるを潔しとしなかった。"

2.1.1　冗長性を考える

Grafanaを自分たちで使おうと思ったら、まずは構成を考えましょう。当然、シングルな構成ではなく、冗長構成を取りたいかと思います。Grafanaにクラスタ機能はあるか？Grafanaの設定を外だしのDBに保存するか？などいろいろ考えるかと思いますが、私はシンプルに、Grafanaを2台構築して運用する案で十分だと考えています。

私は、2台のGrafanaをそれぞれ構築し、それを利用するメンバーが同じ設定を施して使用するHot-Standby構成で、実用に耐えると考えています。この案でも十分実用に耐えるのは、Grafanaのユーザー権限、データソース設定、ダッシュボード設定が簡単な操作でできるからです。ユーザー権限は2台を同じように設定します。データソースも2台を同じように設定し、データソース側にAct-Stbや主系副系があるのであれば、GrafanaのAct号機をStb号機でダッシュボード設定時の参照するデータソースをそれぞれ別の参照になるようにします。そして、1番更新頻度が高く、同じ設定をするのが大変なダッシュボードの設定は、インポートとエクスポートで簡単に別ノードにコピー可能です。

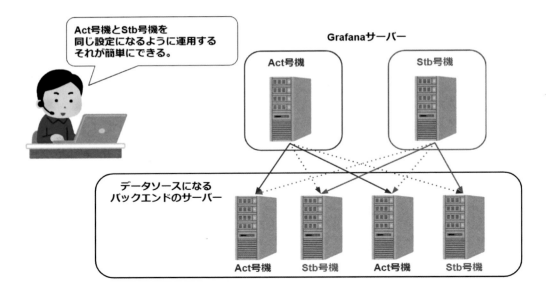

Grafana の運用フェーズでの設定は以下になります。このうち、頻繁に設定変更を行うのは、実際に参照・編集する画面である、ダッシュボードの設定です。ユーザーの権限設定やデータソースの設定は、追加時に設定を行いますが、変更を頻繁に行うことはありません。

・ユーザーの権限設定　⇒新規追加と主。頻繁に変更はしない

・データソースの設定　⇒新規追加と主。頻繁に変更はしない

・ダッシュボードの設定　⇒頻繁に変更する

ユーザーの権限設定やデータソースは頻度も高くないので、Hot-Standby のもう 1 台の Grafana に Act 号機と同じ設定を実施すればよいです。設定の手間も大きくありません。

ダッシュボードの設定では、インポートとエクスポート機能を使います。この機能で、Act 号機で設定したダッシュボードの設定を、利用メンバーがエクスポートして、Stb 号機にインポートします。この操作も非常に簡単ですので、大きな負担にはならないはずです。

単純な Hot-Standby でも運用できてしまうくらい、各操作が簡単にできているので、冗長構成に考える時間を割かずにまずは構築してしまうのを、私はおすすめします。

2.1.2　インポートとエクスポート操作

冗長構成で Hot-Standby 構成をすすめる理由としてあげていた、インポートとエクスポート操作についてどんなふうにできるのか説明したいと思います。

この操作は、Stb 号機への設定コピーに使うことが多いですが、もうひとつの用途として、ダッシュボードのデータソースの一括変更にも使用できます。

エクスポートした設定を、同じ Grafana にインポートし、その際にデータソースの選択で別のデータソースに置き換えることができます。たとえば、データソースの主系が障害になり、ダッシュボードのデータソースをすべて副系のデータソースに置き換えたいときなどには、ダッシュボードをエ

クスポートし、それをインポートして副系のデータソースに変えるという使い方もできます。

①コピー元のダッシュボードで上部にある"Share dashbord or panel"をクリック

図2.2: ①

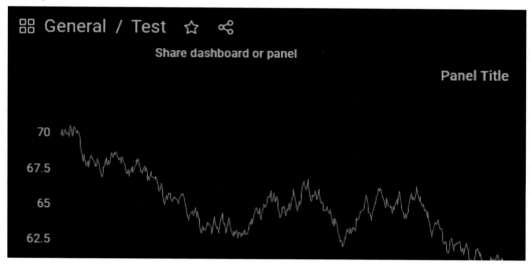

②"Export"タブで"Save to file"ボタンを押します。

設定のjsonファイルがダウンロードされます。

このとき、"Export for sharing externally"にチェックを入れると、インポート時に、データソースを指定できるようになります。

冗長構成の関係で、Act号機はデータソースの主系を参照、Stb号機はデータソースの副系を参照するような構成ではチェックを入れます。

ここにチェックを入れないと、Stb号機へのインポート時にデータソースをAct号機と別のデータソースを設定するための項目が出てきません。

図2.3: ②

③ここからインポート操作です。

ダッシュボードの"Manage"画面から"Import"を選択します。

図2.4: ③

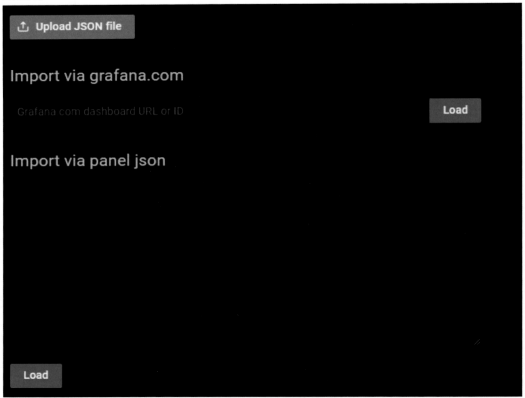

④"Upload JSON file"でエクスポートした設定をアップロードし、最下部の"Load"ボタンを押します。

図2.5: ④

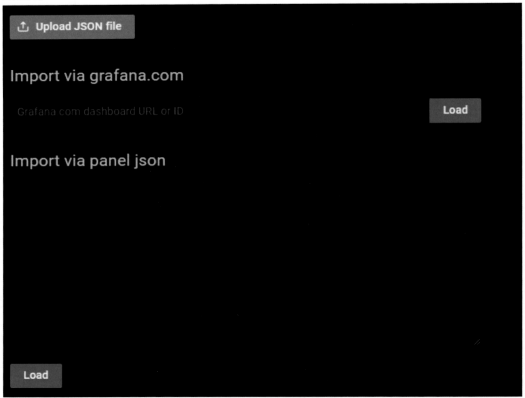

⑤インポート時の設定項目が表示されます。

"Import"ボタンでインポートされます。

下記の画面では、同一名称のダッシュボードがあるため、上書きになることを画面上のメッセージが示しています。

Stb号機のGrafanaへのコピーでは、初回のコピー以外は、下記のように上書き画面になります。

・Name

　—ダッシュボード名、別名にすると上書きではなくなる

・Folder

　—どのフォルダー下にインポートするか

・UID

　—ダッシュボードのURLに入っているUIDの箇所。そのままでよい

・データソースの指定

　—画像では"Zabbix"となっている箇所。"Zabbix"の箇所に元のデータソース名が表示され、プルダウンでインポート先のどのデータソースにするかを選択できる。

図2.6: ⑤

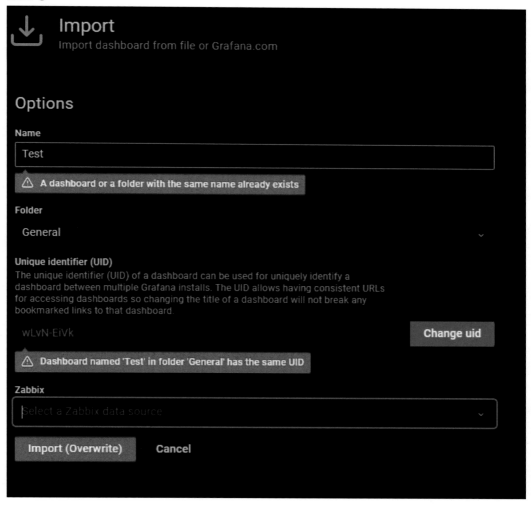

2.2 インストールをしてみる

"社会人三年目の春までの二年間、実益のある成果など何ひとつしていないことを断言しておこう。"

2.2.1 スペックはいらない

さっそく、Grafanaをインストール[1]してみようと考えると、次はどの程度のスペックが必要なのかという点を考えることになります。

前章の"Grafanaのメリット"の"優秀な点その二：データ基盤がなくても始められる"で述べましたが、要求スペックは高くありません。ありもののサーバーで始めてよいでしょう。

さきに述べたようにGrafana自身は、可視化用のWEBプロキシで、データを自分自身でもたず、自分自身でデータを処理しません。Grafana内部ではユーザー管理や設定管理用にSQLiteが入っていますが、こちらも高スペックは必要ありません。プロキシとして可視化を描画するスペックだけでよいのです。再度の掲載になりますが、公式の要求スペックは下記です。

図2.7: 要求スペック

Hardware recommendations

Grafana does not use a lot of resources and is very lightweight in use of memory and CPU.

Minimum recommended memory: 255 MB Minimum recommended CPU: 1

Some features might require more memory or CPUs. Features require more resources include:

- Server side rendering of images
- Alerting
- Data source proxy

2.2.2 とても簡単なインストール

Grafanaのインストールはとても簡単です。各環境に対応しており、私の場合は、Linux環境だったので、RPMファイルをひとつインストールするだけでした。

リポジトリーを設定してyumでインストールできますが、私は、リポジトリー設定を変更するのが手間だったので、RPMファイルをダウンロード[2]し、yumでローカルインストールしました。インストールに際して、依存性の問題で手こずったりも特にありませんでした。

1.https://grafana.com/docs/grafana/latest/setup-grafana/installation/

2.https://grafana.com/grafana/download

公式でダウンロードしてローカルインストールするだけ！

```
# sudo yum localinstall <local rpm package>
```

図2.8: 公式のダウンロードページ

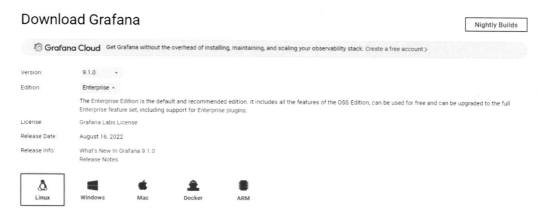

　※Edtionが有償の"Enterprise"になっているので、無償のOSS版利用には"OSS"に変更しましょう

2.3　プラグインのインストール

　"吾輩はプラグインである。公式サポートに名前はまだない"

2.3.1　プラグインのインストールは重要

　Grafanaはデフォルトでも十分な機能がありますが、プラグインのインストールで機能が拡充されます。公式プラグイン、コミュニティーのプラグイン、Enterprise版のプラグインとありますが、使えそうなものをインストールすることで、より充実した可視化を行うことができます。

　私の環境では、Zabbixが監視サーバーとして主流だったこともあり、コミュニティープラグインのZabbixのインストールが必須でした。監視サーバーとしてZabbixはメジャーな製品ですので、使っている環境も多いかと思います。プラグインのインストールは重要かと思いますので、説明したいと思います。

2.3.2　オフラインでのインストール

　Grafanaのプラグインのインストール[3]は、基本は、オンライン環境によるgrafana-cliコマンドの利用です。ただ、私の環境もそうだったのですが、オフラインでプラグインを入れなければいけない環境もあるかと思います。ここでは、オフライン環境でのインストールも説明します。

3.https://grafana.com/grafana/plugins/alexanderzobnin-zabbix-app/?tab=installation

Zabbix プラグインのオンライン環境でのインストール

```
# grafana-cli plugins install alexanderzobnin-zabbix-app
```

オフライン環境でのプラグインのローカルインストールですが、公式にも説明[4]があります。簡単にいえば、プラグインの圧縮ファイルを所定のディレクトリーに解凍するだけです。

Zabbix プラグインのオンライン環境でのローカルインストール

```
Install a packaged plugin
After the user has downloaded the archive containing the plugin assets, they can
install it by extracting the archive into their plugin directory.

unzip my-plugin-0.2.0.zip -d YOUR_PLUGIN_DIR/my-plugin

The path to the plugin directory is defined in the configuration file. For more
information, refer to Configuration.
```

上記のプラグインの展開先のパスですが、デフォルトは/var/lib/grafana/pluginsで、Grafanaのコンフィグファイルの/etc/grafana/grafana.iniの[path]のpluginsで指定するpathになります。

プラグインを展開した後ですが、公式の手順にはないですが、私は念のため、Grafanaの再起動を実施していました。必要かはわかりませんが、プラグイン展開後の後工程でうまくいかないときはお試しください。

プラグインは展開しただけでは使えません。GrafanaのWEB画面上で、プラグインを有効化する必要があります。左側の歯車マークの"Configuration"⇒"Plugin"⇒一覧から該当のプラグインを選択し、"Enable"のボタンを押して有効化します。これで、インストールしたプラグインが使えるようになります。

4.https://grafana.com/docs/grafana/next/administration/plugin-management/

図2.9: プラグインの有効化

※ Enableを押し、有効化した後の画面です

2.4 公式ドキュメントが充実

"「完璧なドキュメントなどといったものは存在しない。完璧なシステムが存在しないようにね」"

2.4.1 Grafanaの公式は充実している

Grafanaの公式のドキュメント[5]は非常に充実しています。ドキュメントの階層構造もわかりやすく、英語ですが文章量も適度に見出しで区切られており、読みやすくなっています。英語が多少苦手でも、コマンドを追ったり、グーグル翻訳で対応できるレベルだと思います。

また、表示がおかしいとか不具合に思われる事象もググると、公式のGitHubに質問が出ていて、問題が解決することもあります。私の経験だと、Elasticsearchの値をCSVダウンロードがうまくいかなかったのですが、Grafanaのバージョンアップに伴って、廃止予定のパネルを利用していたのが原因でした。回答のとおりに新しいパネルを利用したところ、CSVダウンロードができ、問題が解決しました。

5.https://grafana.com/docs/grafana/latest/

図2.10: ドキュメントの階層

2.5 アカウントと権限の設定

"メロスは激怒した。必ず、Grafanaを見れるようにしなければならぬと決意した。メロスにはシステムがわからぬ。メロスは、他部門の非エンジニアである。"

2.5.1 初期権限と権限付与の運用

Grafanaの権限管理は前章の"Grafanaのメリット"の"優秀な点その五：アカウントと権限管理が優れている"で述べました。Organization毎に管理者を決め、アカウントの権限付与は任せていくことで、アカウント管理のスケールが可能なことはお話しました。

また、Grafanaで見れる情報が有益であれば、当初の利用部門から、さらにGrafanaを参照する部門が増えていくことも考えられます。デフォルトで全員が編集権限というわけにはいかない状況です。アクセスできるOrganizationや権限付与を、各Organizationでコントロールできるようにする必要があります。

私の考えるやり方は、ログイン時のOrganizationは、デフォルトのOrganizationの"Main Org."のみ、初期権限は"Viewer"、"Main Org."は初期状態で設定せず、データは何も見れない状態に

するというやり方です。"Main Org."に何もなく、Viewer権限だけであれば、何もできません。その状態から、各Organizationの管理者が必要なアカウントに権限を付与すれば、権限管理を適切に行え、かつ、管理を各Organizationの管理者に委ねられます。

　※"Main Org."のホームのダッシュボードを設定して、権限付与の申請の仕方をそのまま記載しておくとかもありかもしれません。

　上記のようなGrafanaのアカウント作成、初期権限はどのような設定にしたらよいかをここではお話したいと思います。

　私の環境ではLDAPを用いていますので、LDAPの場合で説明したいと思います。Grafanaで認証をLDAPで行う場合、ふたつのファイルに設定が必要です。

・/etc/grafana/grafana.ini
　　—Grafanaのコンフィグファイル。LDAP機能の有効化と設定ファイルの指定、アカウント作成の有効化を設定する。また、新規アカウント作成時の初期権限設定を確認する（デフォルトで使う）。
・/etc/grafana/ldap.toml
　　—LDAPの設定ファイル。LDAP設定とサインアップ時の初期権限の設定などの詳細な設定も行える。
　①/etc/grafana/grafana.iniを設定します。

　Grafanaのコンフィグは、初期状態は";"でコメントアウトされていますので、該当設定は";"を外して設定していきます。";"の状態で記載されているのはデフォルト設定です。

　まずは、公式で紹介されている設定をそのまま踏襲します。
・LDAPの有効化[6]
・LDAPコンフィグファイルの指定
・サインアップの有効化
※ログインすることでアカウントが作成されるようになる。

公式で紹介されている設定

```
[auth.ldap]
# Set to `true` to enable LDAP integration (default: `false`)
enabled = true


# Path to the LDAP specific configuration file (default: `/etc/grafana/ldap.toml`)
config_file = /etc/grafana/ldap.toml


# Allow sign up should almost always be true (default) to allow new Grafana users
to be created (if LDAP authentication is ok). If set to
```

6.https://grafana.com/docs/grafana/latest/setup-grafana/configure-security/configure-authentication/ldap/

```
# false only pre-existing Grafana users will be able to login (if LDAP
authentication is ok).
allow_sign_up = true
```

②/etc/grafana/grafana.iniで新規アカウントの初期権限を確認します。

デフォルト設定を使うので、確認します。

この設定で、新規に作成されたユーザーは、"Main Org."のOrganizationに所属し、その中でViewer権限のみの状態が初期状態となる。

- ・auto_assign_org = true
    —新規ユーザーを初期状態でOrganizationに所属させるかどうかはtrue。
- ・auto_assign_org_id = 1
    —新規ユーザーを初期状態で所属させるOrganizationのIDを何にするか。デフォルトは「1」。最初から作成されている"Main Org."になる。
- ・auto_assign_org_role = Viewer
    —新規ユーザーの初期状態の権限。Viewerになる。

該当箇所
```
################################# Users #################################
[users]
(中略)
# Set to true to automatically assign new users to the default organization (id
1)
;auto_assign_org = true

# Set this value to automatically add new users to the provided organization (if
auto_assign_org above is set to true)
;auto_assign_org_id = 1

# Default role new users will be automatically assigned (if auto_assign_org above
is set to true)
;auto_assign_org_role = Viewer
```

③/etc/grafana/ldap.tomlを設定します。

- ・各種LDAPの設定
- ・"servers.group_mappings"は使わない
    —servers.group_mappingsを"#"でコメントアウトにする
    —servers.group_mappingsの機能はログインする度に権限がservers.group_mappingsの権限設定に戻るため、各Organization管理者による柔軟な管理ができないため

コメントアウトする servers.group_mappings の箇所

```
#[[servers.group_mappings]]
#group_dn = "cn=superadmins,dc=grafana,dc=org"
#org_role = "Admin"
#grafana_admin = true # Available in Grafana v5.3 and above

#[[servers.group_mappings]]
#group_dn = "cn=admins,dc=grafana,dc=org"
#org_role = "Admin"

#[[servers.group_mappings]]
#group_dn = "cn=users,dc=grafana,dc=org"
#org_role = "Editor"

#[[servers.group_mappings]]
$group_dn = "*"
#org_role = "Viewer"
```

　④設定後は、設定反映にGrafanaの再起動が必要です。

2.6　データソース「Zabbix」

　"監視画面のアラート音、諸行無常の響きあり。異常を示す赤の色、盛者必衰の理をあらはす。お
ごれるエンジニアも久しからず。唯春の夜の夢のごとし。"

2.6.1　まずは性能項目の可視化

　Zabbixは一般的な監視サーバーで使用している運用部門も多いかと思います。GrafanaではZabbix
はコミュニティーのプラグインで利用可能になります。

　まずはCPU使用率やLoadAvarage、メモリー使用率やDisk使用率といった性能項目を可視化し
ましょう。Zaabixで監視しているのであれば、すでに設定が完了している状態であることがほとん
どかと思います。前章の”Grafanaのメリット”の”Grafanaとの出会いと活用”で述べましたが、
Zabbixの可視化では、下記の画像のように正規表現の利用、プルダウンでの選択ができます。性能
項目の可視化は手こずらずにできるので、手始めにちょうどいいはずです。

図2.11: Grafanaでは正規表現とプルダウン選択で可視化が簡単に作れる

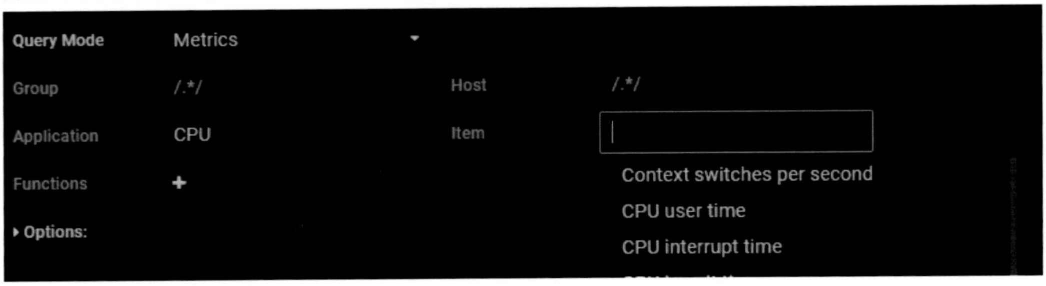

2.6.2　ログの可視化

　さて、本題のログの可視化です。サービスに関わる処理、リクエストのログの成功・失敗をカウントし、サービスの状態を可視化します。ログの中にある特定の文言を、定期的（毎分が理想）でカウントし、Zabbixにデータを取り込みます。これにより、サービスの状態がGarafanaで一目でわかるようになります。

　また、サービスに関わる処理のログの成功・失敗件数がZabbixにデータとして取り込まれるということは、Zabbixの監視対象にすることも可能です。特定の閾値を下回ったら発報するようにZabbixのトリガーを設定すれば、監視項目としてもメリットがあります。

　Zabbixにログの成功・失敗ログの件数を取り込む方法は、私の知っているやり方で4つあります。成功・失敗は言い換えれば、ログに含まれる特定文言の件数のカウントです。シェルスクリプトやZabbixのモジュールで、特定文言の件数を定期的に取得します。そうして取得した値をZabbixに取り込む方法が、4種類あります。

　・方式①Zabbixエージェント方式（シェルスクリプト）
　・方式②Zabbixエージェント方式（log.countキー）
　・方式③Zabbix Senderコマンド方式（直接送信）
　・方式④Zabbix Senderコマンド方式（仲介サーバー）

　それぞれ説明しますが、今、実装するのであれば、方式②が基本になると思います。NWの条件的にZabbixと直接通信できない場合に限って、方式④を使うかもしれません。方式①と③は使う必要のあるシチュエーションはないかと思います。

2.6.3　方式①Zabbixエージェント方式（シェルスクリプト）

　方式②のlog.countキー（ZabbixVer3.2以降から）が出る前にZabbixエージェントで取得するときに、この方式を使っていました。ログに限らず、何らかのコマンドでデータを取得してZabbixに取り込むのに使える方式です。

　まず、過去X分の特定時間の特定文言のログをカウントするシェルスクリプトを作成します。そのシェルスクリプトをZabbixエージェントで実行するように設定します。

　Zabbixエージェント側の設定

・エージェントのconfファイルに設定
  —下記のように記載する。
  —コマンドの箇所に件数をカウントするスクリプトを記載する。
  —記載したら設定反映のために、Zabbixエージェントをリスタートする。

エージェントのconfファイル

```
/etc/zabbix/zabbix_agend.d/*conf

UserParameter=（keyの名前）,（コマンド）
```

Zabbixサーバー側の設定
・WEB画面でアイテムとして設定する
  —アイテム作成の際に、「キー」の欄にconfファイルに設定した「keyの名前」を入力する。
  —Zabbix上でアイテムとして、エージェントの取得項目や監視のトリガー項目に使用できる。

図2.12: 方式①Zabbixエージェント方式（シェルスクリプト）

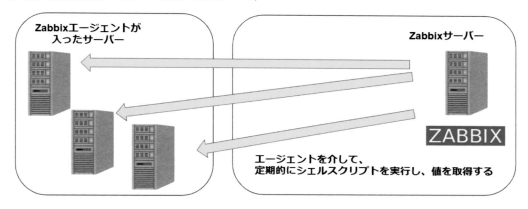

2.6.4　方式②Zabbixエージェント方式（log.countモジュール）

　ZabbixのVer3.2から登場したlog.countキーを使う方式[7]です。シェルスクリプトなどのコマンドの準備がいらず、Zabbixサーバー側で簡単にできるのがメリットです。

　このやり方は、私も調べ始めたばかりで設定の機会がなく、ログ件数の可視化タスクのあった同僚に勧めてみたところ、うまくいったものになります。

　やり方は、ZabbixサーバーのWEB画面でアイテム作成の際に、キーの欄でlog.countで設定を行うのみです。

　実際のアイテム設定では、カスタムインターバルで、毎分00秒に実行されるようにした方がよいかと思います。理由は、件数の可視化を見たり、計算したりするとき、00秒のタイミングで実行されている値の方がわかりやすく扱えるからです。XX秒などの半端なタイミングの値だと、何時何分

7.https://www.zabbix.com/documentation/6.0/jp/manual/config/items/itemtypes/zabbix_agent#supported-item-keys

からの件数はYY件という情報を出すときに、XX秒の端数で余計な頭を使うことになるからです。

図2.13: 方式②Zabbixエージェント方式（log.countモジュール）

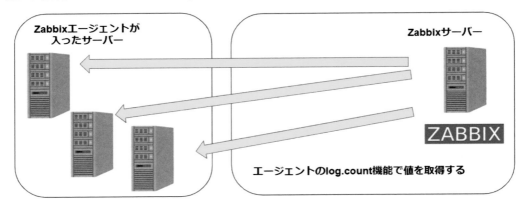

log.count キーの説明

```
log.count[file,<regexp>,<encoding>,<maxproclines>,<mode>,<maxdelay>,<options>,
<persistent_dir>]


file - full path and name of log file
regexp - regular expression describing the required pattern
encoding - code page identifier
maxproclines - maximum number of new lines per second the agent will
analyze (cannot exceed 10000). Default value is 10*'MaxLinesPerSecond' in
zabbix_agentd.conf.
mode - possible values:
all (default), skip - skip processing of older data (affects only newly created
items).
maxdelay - maximum delay in seconds. Type: float. Values: 0 - (default) never
ignore log file lines; > 0.0 - ignore older lines in order to get the most recent
lines analyzed within "maxdelay" seconds. Read the maxdelay notes before using
it!
options (since version 4.4.7) - additional options:
mtime-noreread - non-unique records, reread only if the file size changes (ignore
modification time change). (This parameter is deprecated since 5.0.2, because now
mtime is ignored.)
persistent_dir (since versions 5.0.18, 5.4.9, only in zabbix_agentd on Unix
systems; not supported in Agent2) - absolute pathname of directory where to store
persistent files. See also additional notes on persistent files.
```

2.6.5 方式③Zabbix Sender コマンド方式（直接送信）

　Zabbixにデータを取り込む方法には、エージェントで行う方式以外にもうひとつあります。ZabbixSenderコマンド[8]による値の送信です。コマンドによる値の送信なので、シェルスクリプトの中で使います。

　ZabbixSenderコマンドを使うためには、インストールが必要です。Zabbixエージェントとは別のインストールファイルになりますので、エージェントがインストールされているからといって、ZabbixSenderコマンドがインストールされているわけではありません。

　使い方としては、まずZabbixSenderコマンドから送信されてきた値を受け取るアイテムをZabbixサーバー上のアイテムとして作成します。

Zabbixサーバー側の設定
・WEB画面でアイテムとして設定する
　―アイテム作成の際に、タイプ: Zabbixトラッパーで作成する。
　―キーはZabbixSenderコマンドで送信する際のアイテムキーとして使われる。
　Zabbix側でZabbixSenderコマンドで送信された値を受け取るアイテムが作成できたら、ZabbixSenderコマンドで値を送信して、Zabbixに値を取り込めるようになります。

　ZabbixSenderコマンドの使い方自体は、下記の画像のように、引数に送信先サーバー、Zabbix上の監視ホスト名、アイテムキー、送信する値を含んでコマンドを打つのみです。

図2.14: ZabbixSender コマンドのオプション

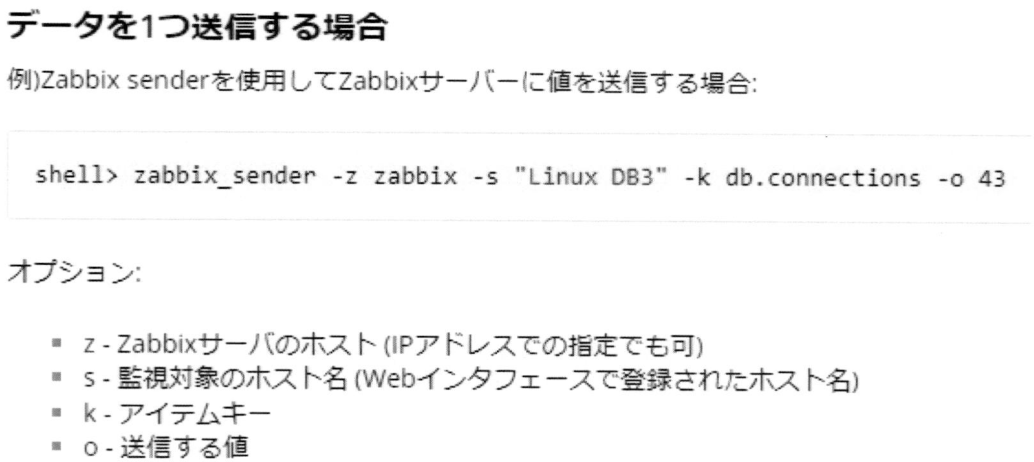

データを1つ送信する場合

例)Zabbix senderを使用してZabbixサーバーに値を送信する場合:

```
shell> zabbix_sender -z zabbix -s "Linux DB3" -k db.connections -o 43
```

オプション:

- z - Zabbixサーバのホスト (IPアドレスでの指定でも可)
- s - 監視対象のホスト名 (Webインタフェースで登録されたホスト名)
- k - アイテムキー
- o - 送信する値

8.https://www.zabbix.com/documentation/2.2/jp/manual/concepts/sender

図2.15: 方式③Zabbix Sender コマンド方式（直接送信）

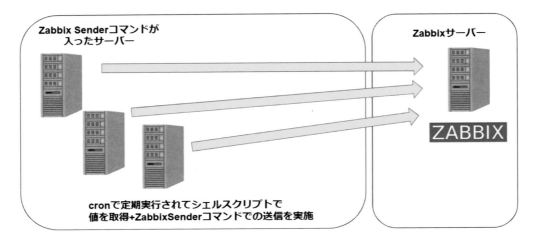

2.6.6 方式④Zabbix Sender コマンド方式（仲介サーバー）

ここまで見てきた方式①②③には、取得したいデータの値を持っているサーバーとZabbixが直接通信が可能という前提があります。Zabbixで監視しているホストが対象であれば、この前提で何の問題もありません。

ただ、もしも、Zabbixの監視対象ではないホストのデータが必要で、Zabbixとも直接通信が取れず、しかし、Grafanaから参照しているZabbixにデータを取り込みたいという状況があった場合に使える方法として方式④があります。

状況そのものは、そんな状況あるのか？というくらいややこしい状況ですが、Zabbixと直接通信できないホストの情報をZabbixに取り込む方法というのは、何かの役に立つかもしれないので、ご紹介します。

方式④は方式③と同様にZabbixSenderコマンドを使います。違いは何かというと、ZabbixSenderコマンドのオプションのファイル読み込みを使います。

データを持っていて、Zabbixと直接通信できないサーバーは、ZabbixSenderコマンドで読み込める様式のファイルを作成し、仲介サーバーに送ります。仲介サーバーはそのファイルを、ZabbixSenderコマンドでZabbixに送ります。これでZabbixと直接通信できないサーバーのデータをZabbixに取り込めます。ZabbixSenderのファイルにホスト名も時間も記載されているので、ZabbixSenderコマンドを実行したサーバーがどのサーバーかということも、コマンドの実行時間も気にする必要がありません。ホストや時間を指定することができるというのは、ZabbixSenderコマンドの非常に便利なところです。

ファイルの様式や設定をまとめます。

まず、Zabbixサーバー側の設定は方式③と同じです。

Zabbixサーバー側の設定

・WEB画面でアイテムとして設定する

　—アイテム作成の際に、タイプ: Zabbix トラッパーで作成する。

　—キーはZabbixSender コマンドで送信する際のアイテムキーとして使われる。

　次に、ZabbixSender コマンドのオプション[9]と読み込むファイルの形式です。

ZabbixSender コマンド

```
# zabbix_sender -z <送信先Zabbixサーバー> -T -i <送信するファイル>
```

※　-Tと-iのオプションが両方必要です。
　-iがファイル指定、-Tがファイル内で時間指定するオプションです。

読み込むファイルの形式

区切り文字：半角スペース
フォーマット：「ホスト名」　「アイテムキー」　「取得時間(UnixTime)」　「取得値」

例
```
test-server test.item 1340336214 100
```

※　-Tのオプションを入れているので「取得時間(UnixTime)」が必要です。

9.https://www.zabbix.com/documentation/1.8/jp/manpages/zabbix_sender

ZabbixSender コマンドのファイル指定に関する公式のマニュアル

```
-i, --input-file <inputfile>
Load values from input file. Specify - for standard input. Each line of file
contains whitespace delimited: <hostname> <key> <value>. Specify - in <hostname>
to use hostname from configuration file or --host argument.

-T, --with-timestamps
Each line of file contains whitespace delimited: <hostname> <key> <timestamp>
<value>. This can be used with --input-file option. Timestamp should be specified
in Unix timestamp format.
```

図 2.16: 方式④ Zabbix Sender コマンド方式（仲介サーバーでファイル利用）

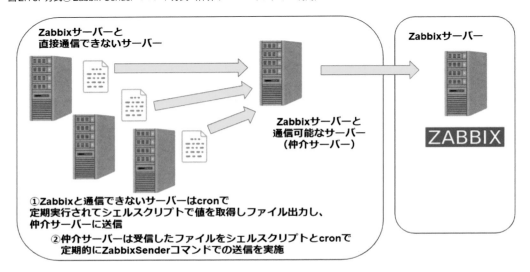

2.7　データソース「Elasticsearch」

"山のあなたのログ深く　幸い住むとひとのいう"

2.7.1　とりあえずのシングル構成でやってみる

　Elasticsearch といえば、複数台のサーバーがクラスタを組むイメージですが、ちょっとした可視化のためにシングル構成で構築して、Grafana と連携してみるのもありです。巨大なログ基盤のようなデータ量はシングル構成では無理ですが、ちょっとした統計データレベルの利用はシングル構成でもこなせるでしょう。

　Elasticsearch の導入方法を事細かに書くのは、この章の主旨ではないので、詳細は割愛しますが、以下の点を押さえてインストールすると、Grafana で可視化をするためのお手軽な Elasticsearch を

構築できるかと思います。

シングル構成のElasticsearch構築ポイント
・シングル構成でlocalhost以外のアクセスを受けるようにするには以下の設定が必要
　　—リモートアクセス可能なシングル構成のノードは、安全のため起動しないのがデフォルトの
　　　設定になっている。

elasticsearch.yml

```
/etc/elasticsearch/elasticsearch.yml


discovery.type:single-node
```

・ヒープメモリーの量はデフォルトのままにしない
　　—ヒープメモリーが少ないと、Grafanaで長期間の可視化を行おうとすると、Elasticsearchのプ
　　　ロセスがOutOfMemoryで落ちます。
　　—増やせるスペックがあるかはインストールしているマシン次第ですが、デフォルトの値は小
　　　さいので、とりあえず増やすことを考えましょう。
　　下記は、起動時（Xms）と最大（Xmx）を4GBに設定した例です。

jvm.options

```
/etc/elasticsearch/jvm.options


-Xms4g
-Xmx4g
```

・logstashのインストール
　　—Elasticsearchにどうやってデータを投入するか？という点でいろいろな手段がありますが、わ
　　　かりやすく手軽なのはlogstashの利用だと思います。
　　—logstashをインストールしましょう。
・インデックスの保存期間とローテーション
　　—Elasticsearchは無期限保存でローテーションしません。
　　—Elasticsearchとは別にcuratorのインストールと設定が必要です。
・Elasticsearchとlogstashのログローテーション
　　—Elasticsearchとlogstashのログはローテーション設定はないので、OS側の設定などで、ロー
　　　テーションをしてやる必要がある。
　　—ヒープメモリーが不足して、Elasticsearchのプロセスが落ちると、数GBのダンプファイルを
　　　生成して、Disk容量を圧迫するので、これも自動削除するようなスクリプトやcronを組んで
　　　おく。

2.7.2 CSVファイルを取り込んでみよう

とりあえず自由に使えるElasticsearchを手に入れたら、logstashでCSVファイルを取り込んでみましょう。

自分の業務の中で可視化すると、業務が改善されるデータを探してみましょう。CSVの様式であれば、元データがCSVでなくても、シェルスクリプトでファイルを生成する、json形式のデータをjqコマンドで変換するなどで、CSVへの加工がしやすいのではないかと思います。

ちなみに、CSVファイルの様式は、カンマ区切り＋各項目を「"」で囲ってあることです。カンマ区切りだけではありません。「"」で囲わなくても動く場合が多いですが、「"」で囲っていなかったことでうまく取り込めなかった事例もありますので、「"」で囲うようにしましょう。

Elasticsearchにデータを入れる方法はいくつかありますが、私は自分自身で取り組んだときに調べた経験から、logstashによるCSVファイルでの取り込みをおすすめしています。

理由としては、サーバー運用の場合、毎分などの一定単位で件数データをまとめたファイルを出力するというのは、シェルスクリプト＋cronで簡単に作成でき、作成した経験も多いからです。各サーバーで毎分出力されたデータを取り込むということは、バッチ処理のような複数データの取り込みになります。この複数データの取り込みをElasticsearchでやる場合にわかりやすいのが、logstashによる取り込みです。

logstashによる取り込みの仕組みはシンプルです。logstash用の指定した特定ディレクトリーに置かれたファイルを、logstashはElasticsearchに取り込む。これだけです。logstashを使うと、ElasticsearchのAPIをどのように叩いてデータを入れようとかを考えずに、単純に指定した様式で指定フォルダーにファイルを置けばいいという割り切りで、データ取り込みを考えることができます。

※指定フォルダーにファイルが集まるので、logstashが処理し終わったファイルが削除されるよう、1日経ったファイルを定期的に削除するなどの仕組みは入れましょう。

図2.17: CSVファイルを取り込んでみよう

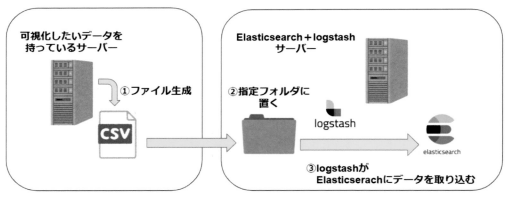

※logstashの設定方法自体は、Elasticsearchの公式サイトにあるので、ここでの説明は割愛します。

2.7.3 Elasticsearchのクエリの理解に役立つ

　Grafana での Elasticsearch のデータの可視化のいい点は、Elasticsearch のクエリの機能で便利な集約が使用できることと、Grafana の簡単な操作で試行錯誤できることで、Elasticsearch でどんなデータの集約ができるかを学べることです。

　下記は、基本になるパターンの画像とその説明です。いろいろ試してみると、Elasticsearch の可視化は便利なことがわかるかと思います。特に、GroupBy の Term でカラムのデータごとの集約ができるのは便利です。

・Query
　　―対象データに対してフィルターをかけます。
　　―例：TEST_COLUMN: 0 AND NOT TEST_USER:* AND TEST_NAME:$TEST_NAME
　　―TEST_COLUMN が0でかつ、TEST_USER が空欄でかつ、TEST_NAME が変数$TEST_NAME のもの。
　　―変数というのは Grafana のダッシュボード上で設定できる機能。Grafana 上のプルダウンで変数を変えて、変数を変更した表示ができる。
・GroupBy
　　―よく使うのが"Term"です。
　　―指定したカラムのデータごとの集約を行います。
　　―下記の画像では、指定したカラムの"Doc Count"（データ数）を昇順で10個表示します。
　　―指定したカラムのデータがたとえば、A サービス、B サービス、C サービスの3種類のデータだとしたら、データごとの件数、つまり、A サービスの件数、B サービスの件数、C サービスの件数を表示します。
・ThenBy
　　―通常使うのは"Data Histogram"です。
　　―データソースで指定した Time field Name を時間軸として、時系列にすることを設定しています。Interval で時間的な集約を変更できます。

図2.18: Elasticsearchを可視化するときの基本パターン

2.7.4 Grafanaのテーブル表示で最新時間固定で表示する

Grafanaの基本は時系列でのグラフ表示ですが、ちょっとした小技として、Elasticsearch上のデータをテーブル表示する方法を紹介します。設備情報やステータスなどを定期的に取得し、最新時間を固定で表示するようにすることで、テーブルに現在の状態を固定的に表示する方法です。

前章の"Grafanaのメリット"の"優秀な点その四：可視化以外の情報の表示"のTableパネルを使います。Tableパネルを使うと、Elasticsearchのデータを一覧表示できます。また、パネルの表示設定で、特定の条件でカラムやセル、文字の色を変えることができます。

この状態ですが、Grafanaで表示時間を操作すると、表示時間の期間外のデータは表示されなくなってしまいます。他のパネルはGrafanaの表示時間を操作して自由に見たいが、このTableパネルだけは最新時間で固定してみたいときにどうすればよいでしょうか？

こういう場合は、Grafanaのパネルの"Relative time"を使います。"Relative time"で期間を指定すると、Grafanaの画面上の表示の時間指定に関わらず、固定でその期間が表示されます。例の画像では"1d"に設定しているので、常に直近1日のデータが表示されます。Grafanaで使用されるElasticsearch上の時間のデータが常に1日以内の期間で更新されるなら、この設定で常時表示可能です。また、常時更新されないデータでも、Elasticsearch上の時間のデータをスクリプトで更新するなどするのも、ひとつの手です。

"Relative time"とTableパネルを組み合わせて、テーブルを表示するWEB画面として使う小技でした。データのダウンロードもできるので、ちょっとアクセスしづらいデータで業務に使用するデータがある場合、Elasticsearchに取り込んでGrafanaで表示させると便利かもしれません。

図2.19: Table パネル

※ Metric は"Raw Data"を選択する
※ Transform タブの"Organiza fields"を使用すると、表示カラムの絞り込みや順番変更ができる

図2.20: Relative time 機能で直近1日で固定表示

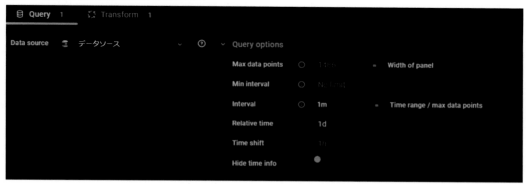

2.8　どんどん可視化しましょう

"ある日の暮方の事である。一人のエンジニアが、フリースペースのフロアでパソコンをいじっていた。"

2.8.1　データソースは登録してどんどん試しましょう

前章の"Grafana のメリット"でデータソースの種類が多く、組み合わせによってメリットが発生することを述べました。Grafana の最大の特徴は、複数のデータソースを組み合わせて、ダッシュボードやパネルで可視化できることです。

自分の管理しているシステムでデータソースに登録できそうなものは、どんどん登録しましょう。登録した上で、どんな可視化ができるか試して利用していきましょう。

各パネルの使い方は、いろいろ試してみると、こんなこともできるんだという発見も多いです。試行錯誤しやすいこと、複数のデータを組み合わせて、一か所に表示できることが利点ですので、いろいろ試してみましょう。

2.9 最後に

"使い古しの、すっかり故障の多くなってしまったサーバーを見て、ちょっと待ってくれという気分になってみたりすることが、多分、だれにでもあるはずだ。日々、再起動もせずに稼働していくうちに、新しくフレッシュであった時の姿はみるみる失われていく。まるで——と、そこで思ってもいい。これじゃまるで自分のようではないか、と。日常的に、あまりに日常的に日々を生きすぎてしまうなかで、ぼくらのナレッジはおどろくほど陳腐化し、遅れた技術になっている。そのことのおぞましいまでの恐ろしさにふと気づき、EOSLのOSをバージョンアップするようにして自らのスキルをバージョンアップさせてみようと思うのはナンセンスなのだろうか。周囲の人たちは昨日までと同じように仕事をしている。それに逆らうように新技術を導入してみる。それだけで、人はリードエンジニアだろう。"

2.9.1 筆者雑感

私はシステムの運用担当者です。私の運用するシステムは、複数の開発部門がそれぞれ様々なシステムを構築していて、新規のシステムが毎年追加されています。そうなると、当然、古い設計のシステムや新しい設計のシステムが混在してきます。また、時代の流れに伴い、障害対応の判断の高速化も運用部門の課題として求められてきました。

運用部門として要求される課題は高度化されるのに対し、システム環境はあまり変わりませんでした。"変わらない運用現場"をなんとかしたいと思っていました。そんなときにGrafanaを導入しました。OSSのツールをインストールして使用した経験はありませんでしたが、調べながら、試行錯誤しながら導入を進めました。

当初は、Zabbixのカスタムグラフの効率化程度の目的でしたが、運用しながら、各サービスのリクエストを可視化したところ、思いのほか便利でした。そして、それを運用部門内に普及をすすめたところ、私以外の運用メンバーも徐々にですが、率先して使うようになりました。

※私はあまりにGrafana推しをするので、職場で"Grafana信者"と呼ばれたことがあります。

私の部署のGrafanaの運用は、5年前の2017年頃のバージョン3のやり方を大きくは変えていません。細かい操作やできることは変わっても、大枠では変えることなく運用できました。これはGrafanaの使い勝手が非常によかったからだと思います。システムのオブザーバビリティを高めるために、やりたいことを簡単にスピーディに細かいところまで実現できたので、無理な使い方をする必要がなく、現場にGrafanaは馴染めたのです。

Grafanaは混在環境の課題、多様なユーザーの希望をうまく取り込んでいるツールです。システム運用の現場は、理想からは遠い新旧システムの混在環境で、どのようにダッシュボードに表示するかも様々です。Grafanaはそんな現場にフィットする、非常に現場向けのツールです。

2022年現在、Grafanaはオブザーバビリティのツールとして一般的になりました。ここで改めて進めるまでもないと思いますが、古いシステムの"変わらない運用現場"でオブザーバビリティの向上が進まないという方には、課題解決にGrafanaの利用をおすすめします。

第3章　Grafana 7.5.15 / 8.3.5で追加された セキュリティー対策で発生する問題を回避する

北崎 恵凡

3.1　はじめに

こんにちは。ざっきーと申します。

仕事は通信会社でインフラ設備の運用保守業務を担当しています。

プライベートではオンラインイベントのYouTubeLive配信(放送部活動)やIoT/電子工作を主としたモノづくり(コミュニティー活動)を行っています。

さて、今回はGrafana 7.5.15 / 8.3.5以降で追加されたセキュリティー対策で発生する問題を回避する方法について書きたいと思います。

3.2　セキュリティー対策で発生する問題とは

Grafanaを操作していると、環境(私の場合はGCPのCloud Shell環境[1])によって「origin not allowed」というエラーが表示されるようになりました。

1.https://console.cloud.google.com

図 3.1: ログイン画面で表示されるエラー (右上)

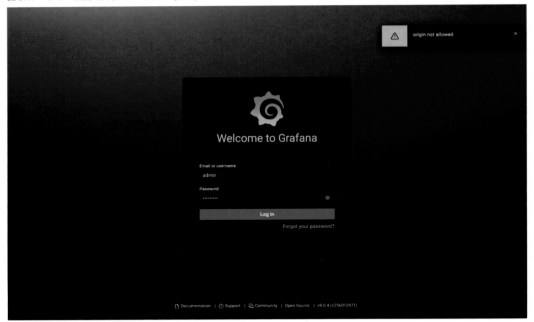

3.3　原因の調査

　同じような事象[2][3][4]を調べたところ、CSRF対策[5]の機能が追加されたことで、GCPのCloud Shell 環境では正常に動作しなくなったことがわかりました。

　HTTPリクエストのHostヘッダとOriginヘッダの値が異なっている(一致していない)ことが原因 です。

3.4　パケットキャプチャで確認

　GCPのCloud Shell環境でパケットキャプチャを取得して確認します。

　Cloud Shell環境の「エディタを開く」画面でGrafanaが起動している前提で説明します。

　Cloud Shell環境の「ターミナルを開く」画面では、GrafanaがTCPポート:3000を使用することが できますが、「エディタを開く」画面では、エディター(Eclipse Theia)が起動し、TCPポート:3000が 使用されてしまいます。Grafanaのデフォルトのポート番号と重複するため、Grafana起動時にTCP ポート:3001に変更しています。

　パケットキャプチャを取得するため、tcpdumpコマンドをインストールします。

2.https://community.grafana.com/t/after-update-to-8-3-5-origin-not-allowed-behind-proxy/60598

3.https://github.com/grafana/grafana/issues/45117

4.https://grafana.com/blog/2022/02/08/grafana-7.5.15-and-8.3.5-released-with-moderate-severity-security-fixes/

5.Cross-Site Request Forgeries https://ja.wikipedia.org/wiki/クロスサイトリクエストフォージェリ

```
$ sudo apt install tcpdump
```

次に、tcpdumpコマンドを実行してパケットキャプチャを取得する準備をします。

```
$ sudo tcpdump -X -vvv -i eth0 -s 0 -n tcp port 3001
```

　画面右上の「ウェブでプレビュー」アイコンから「ポート 3001 でプレビュー」を選択[6]し、ブラウザーからGrafanaへアクセスすると、パケットキャプチャのデータが表示されます。

図3.2: ウェブでプレビュー（ポートを変更 8080 → 3001）

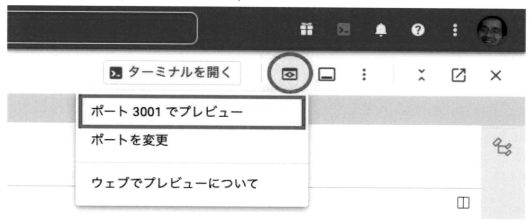

---

6. デフォルトでは「ポート 8080 でプレビュー」となっているため、一度、「ポートを変更」を選択して、3001 を設定します。

図3.3: GCP の Cloud Shell 環境で tcpdump コマンドを実行

```
Host: 127.0.0.1:3001

Origin: https://3001-cs-911836254277-default.cs-asia-east1-jnrc.cloudshell.dev
```

となっており、Hostヘッダと Origin ヘッダの値が異なっている(一致していない)ことが確認できます。

3.5 解決方法(1)

「ウェブでプレビュー」機能を使用しない方法です。

ngrok コマンドを使用して、ブラウザーから ngrok 経由で Grafana へアクセスします。

図3.4: 解決方法(1)の構成図

Before

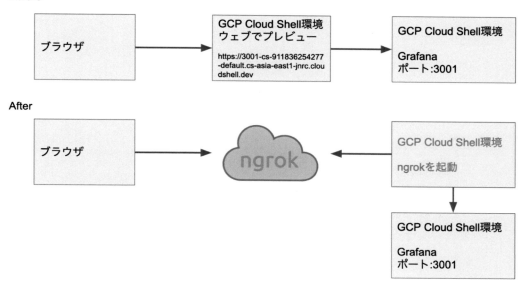

After

手順

ngrok のホームページ[7]へアクセスし、「Sign up for free」を押してアカウントを登録します。

図3.5: ngrok のホームページ

アカウント登録後、「Login」を押してログインします。

7.https://ngrok.com/

図 3.6: ngrok ログイン画面 1

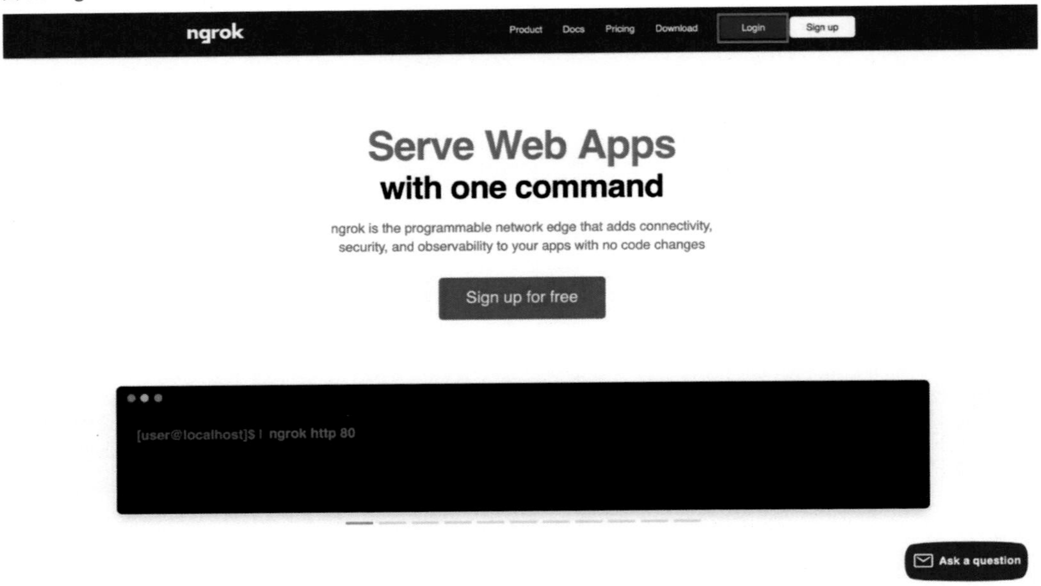

図 3.7: ngrok ログイン画面 2

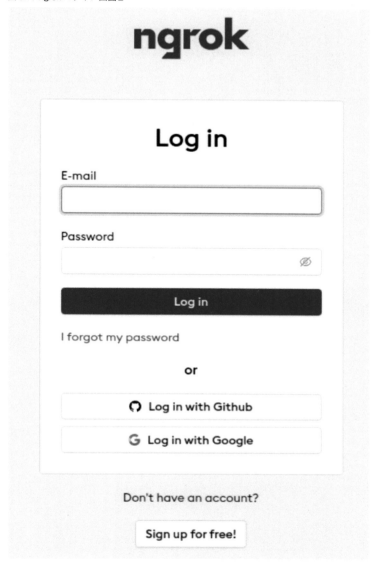

ログイン後、アクセストークンを取得します。

　左側のメニューから「Your Authtoken」を選択します(ngrok のダウンロードとインストールはのちほどコマンドラインから行います)。

図 3.8: ngrok のログイン後の画面

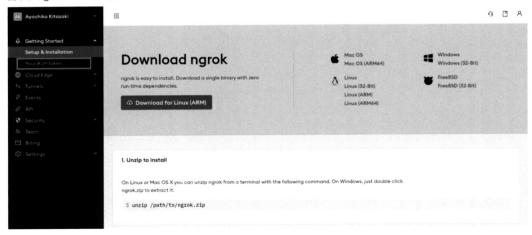

アクセストークンの情報を控えます。

図 3.9: Your Authtoken の画面

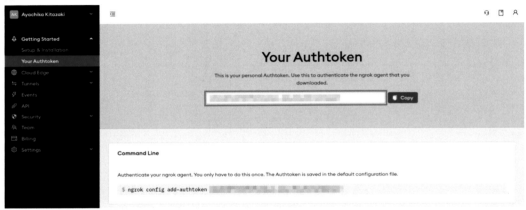

GCP の Cloud Shell 環境のターミナルで、ngrok のソフトウェア(バイナリファイル)をダウンロードして解凍します。

```
$ wget https://bin.equinox.io/c/bNyj1mQVY4c/ngrok-v3-stable-linux-amd64.tgz

$ tar xvzf ngrok-v3-stable-linux-amd64.tgz
```

アクセストークンの情報を登録します。

```
$ ./ngrok config add-authtoken [アクセストークンの情報]
```

ngrok を起動します。

```
$ ./ngrok http 3001
```

　起動後の画面で、「Forwarding」に表示されるURLへアクセスします(URLは起動する度に変わります)。

```
ngrok                                                      (Ctrl+C to quit)


Hello World! https://ngrok.com/next-generation

Session Status              online
Account                     Ayachika Kitazaki (Plan: Free)
Version                     3.0.6
Region                      United States (us)
Latency                     -
Web Interface               http://127.0.0.1:4040
Forwarding                  https://78ff-34-81-87-94.ngrok.io ->
http://localhost:3001


Connections                 ttl      opn      rt1      rt5      p50      p90
                            0        0        0.00     0.00     0.00     0.00
```

3.6　解決方法(2)

　Reverse Proxy (Nginx)を使用する方法です。

　Grafana公式[8]では、Reverse Proxy(Nginx または Apache)を使用して回避する方法が提示されています。

　Grafanaの前段にReverse Proxy(Nginx)を配置し、ブラウザーからNginx経由でGrafanaへアクセスします。

8.https://grafana.com/tutorials/run-grafana-behind-a-proxy/

図3.10: 解決方法 (2) の構成図

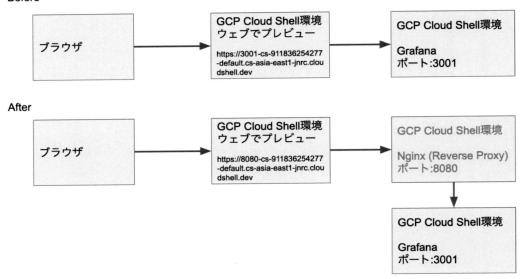

手順

NginxとGrafanaのコンフィグファイルに設定を追加する必要があります。

NginxとGrafanaをDockerでインストールする前提で、設定例を記載します。

Nginxのコンフィグ (default.conf)

```
map $http_upgrade $connection_upgrade {
    default upgrade;
    '' close;
}

server {
    listen       80;
    listen  [::]:80;
    server_name  localhost;

    #access_log  /var/log/nginx/host.access.log  main;

    location /grafana/ {
        rewrite  ^/grafana/(.*)  /$1 break;
        proxy_set_header Host $http_host;
        proxy_set_header Origin http://$http_host;
        proxy_pass http://host.docker.internal:3001/;       }
```

```
location /grafana/api/live/ {
    rewrite  ^/grafana/(.*)  /$1 break;
    proxy_http_version 1.1;
    proxy_set_header Upgrade $http_upgrade;
    proxy_set_header Connection $connection_upgrade;
    proxy_set_header Host $http_host;
    proxy_set_header Origin http://$http_host;
    proxy_pass http://host.docker.internal:3001/;
}


location / {
    root   /usr/share/nginx/html;
    index  index.html index.htm;
}


#error_page  404              /404.html;

# redirect server error pages to the static page /50x.html
#
error_page   500 502 503 504  /50x.html;
location = /50x.html {
    root   /usr/share/nginx/html;
}

# proxy the PHP scripts to Apache listening on 127.0.0.1:80
#
#location ~ \.php$ {
#    proxy_pass   http://127.0.0.1;
#}


# pass the PHP scripts to FastCGI server listening on 127.0.0.1:9000
#
#location ~ \.php$ {
#    root           html;
#    fastcgi_pass   127.0.0.1:9000;
#    fastcgi_index  index.php;
#    fastcgi_param  SCRIPT_FILENAME  /scripts$fastcgi_script_name;
#    include        fastcgi_params;
#}


# deny access to .htaccess files, if Apache's document root
```

```
    # concurs with nginx's one
    #
    #location ~ /\.ht {
    #    deny  all;
    #}
}
```

Grafanaのコンフィグ (grafana.ini) はファイルサイズが大きいため、Serverカテゴリーの変更箇所
だけ記載します。

- ポート番号 (http_port) はGCPのCloud Shell環境でエディター (Eclipse Theia) を開くとTCPポー
  ト:3000が使用されてしまうため、Grafanaの起動ポートを3001に変更しています。
- ドメイン (domain) はDocker環境からホスト環境 (別のDocker環境) のGrafanaへアクセスするため、
  設定しています。
- ルートURL(root_url) はNginxのルート (/) からの相対パス (/grafana) でアクセスするため、設定し
  ています。
- サブパス (serve_from_sub_path) はNginxのルート (/) からの相対パス (/grafana) でアクセスするた
  め、設定しています。

Grafanaのコンフィグ (grafana.ini)

```
（前略）

#################################### Server ####################################
[server]
# The http port  to use
http_port = 3001

# The public facing domain name used to access grafana from a browser
domain = host.docker.internal

# The full public facing url you use in browser, used for redirects and emails
# If you use reverse proxy and sub path specify full url (with sub path)
root_url = %(protocol)s://%(domain)s:%(http_port)s/grafana/

# Serve Grafana from subpath specified in `root_url` setting. By default it is
set to `false` for compatibility reasons.
serve_from_sub_path = true


（後略）
```

次に、dockerコマンドでNginxとGrafanaをインストールします。

NginxとGrafanaのコンフィグファイルは、ホームディレクトリーにある前提で実行します。

```
$ docker run -d -p 8080:80 --name nginx --add-host=host.docker.internal:
host-gateway -v `pwd`/default.conf:/etc/nginx/conf.d/default.conf nginx

$ docker run -d -p 3001:3001 --name=grafana -v `pwd`/grafana.ini:/etc/grafana/
grafana.ini grafana/grafana:latest
```

正常に起動しているか確認します。

```
$ docker ps
CONTAINER ID    IMAGE                    COMMAND                  CREATED
STATUS          PORTS                                 NAMES
a6222957eb05    grafana/grafana:latest    "/run.sh"               3 minutes ago
Up 3 minutes    3000/tcp, 0.0.0.0:3001->3001/tcp    grafana
049eb4852b68    nginx                     "/docker-entrypoint.…"   3 minutes ago
Up 3 minutes    0.0.0.0:8080->80/tcp                  nginx
```

ブラウザーでプレビュー(ポート:8080)を実行します。

図3.11: ウェブでプレビュー(ポート:8080)

Nginxの初期画面(index.html)が表示されます。

図 3.12: Nginx の初期画面

Welcome to nginx!

If you see this page, the nginx web server is successfully installed and working. Further configuration is required.

For online documentation and support please refer to nginx.org.
Commercial support is available at nginx.com.

Thank you for using nginx.

URL の最後に/grafana を付けてアクセスします。

URL の例.(URL はアクセスする度に変わります)

```
https://8080-cs-911836254277-default.cs-asia-east1-jnrc.cloudshell.dev/grafana
```

図 3.13: Grafana のログイン画面(正常)

Welcome to Grafana

Email or username
admin

Password
•••••

Log in

Forgot your password?

3.7 参考

Nginx と Grafana のコンフィグファイルを編集する前にデフォルトのコンフィグファイルを Docker 環境からコピーしたい場合、次のコマンドを実行します。

```
$ docker cp nginx:/etc/nginx/conf.d/default.conf .

$ docker cp grafana:/etc/grafana/grafana.ini .
```

第4章　オムロン環境センサーで測定したデータを可視化する

北崎 恵凡

4.1　はじめに

こんにちは。ざっきーと申します。

仕事は通信会社でインフラ設備の運用保守業務を担当しています。

プライベートではオンラインイベントのYouTubeLive配信(放送部活動)やIoT/電子工作を主としたモノづくり(コミュニティー活動)を行っています。

さて、今回はRaspberry Pi(ラズパイ)とオムロン環境センサー(2JCIE-BL01)を使用して測定したデータをGrafanaで可視化する事例を紹介します。

4.2　環境と構成

オムロン環境センサー(2JCIE-BL01)は温度、湿度、照度、UV Index、気圧、騒音、不快指数、熱中症警戒度を計測するセンシング機能と無線通信機能(Bluetooth® low energy)を搭載したデバイスで、コイン電池(リチウム電池CR2032 1個)で約6ヶ月動かすことができます。大きさも小さく(縦46mm x 横39mm x 厚さ15mm)、重さも軽い(約16g)ため、置き場所にも困りません。専用のスマートフォンアプリが提供されていますが、ラズパイなどのIoTゲートウェイと組み合わせて自由に構成することができます。

環境

・ラズパイ、Raspberry Pi OS(Buster)

  —Raspberry Pi Zero W

  —Raspberry Pi 2 Model B + Bluetooth 4.0 USBアダプタ(CSR V4.0、BT-Micro4)

  —Raspberry Pi 3 Model B

  —Raspberry Pi 3 Model B+

  —Raspberry Pi 4 Model B(4GB)

  —(上記とオムロン環境センサーの組み合わせで動作確認しています)

・オムロン環境センサー

  —環境センサ(BAG型) 2JCIE-BL01[1]

1.https://www.omron.co.jp/ecb/product-info/sensor/iot-sensor/environmental-sensor

—ウェザーニュース WxBeacon2[2]

—(WxBeacon2の方が安価に入手できるのでオススメです)

図4.1: ウェザーニュース WxBeacon2

　オムロン環境センサーはいくつか動作モード[3]があり、ビーコンモード(General Broadcaster 2モード)に変更することで、アドバタイズパケットに最新の測定データが含まれるようになり、接続する必要がありません。

　ラズパイでアドバタイズパケットを見ることで、複数のオムロン環境センサーからデータを取得することができます。

　収集したデータをラズパイ内のinfluxdbに蓄積し、蓄積されたデータをGrafanaで可視化します。

　パソコンのブラウザーからラズパイへアクセスすれば、可視化された測定データを確認できます。

2.https://weathernews.jp/smart/wxbeacon2/normal.html

3.https://omronmicrodevices.github.io/products/2jcie-bl01/communication_if_manual.html

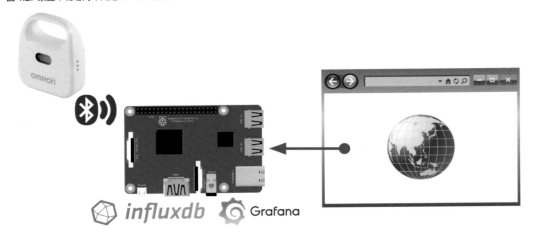

図 4.2: 家庭や職場内で測定データを見る

4.3　オムロン環境センサーの動作モードを変更する

iPhone/iPad、または、Android の BLE Scanner というアプリケーションを使用して、オムロン環境センサーの動作モードをビーコンモード (General Broadcaster 2 モード) に変更する手順[4]を説明します。

環境

・iPhone/iPad 用 BLE Scanner[5]

・Android 用 BLE Scanner[6]

・(iPhone/iPad 用 BLE Scanner の画面で手順を説明します)

手順 1

Env(EnvSensor-BL01) という BLE デバイス名を探して接続します (Connect を選択します)。

手順 2

CUSTOM SERVICE の Service UUID(左から 5 文字目〜8 文字目) が 3040 のものを選択します (Parameter Service に該当)。

4.https://github.com/omron-devhub/2jciebl-bu-ble-raspberrypi/blob/master/README_ja.md

5.https://apps.apple.com/jp/app/ble-scanner-4-0/id1221763603

6.https://play.google.com/store/apps/details?id=com.macdom.ble.blescanner

図 4.3: BLE Scanner(CUSTOM SERVICE)

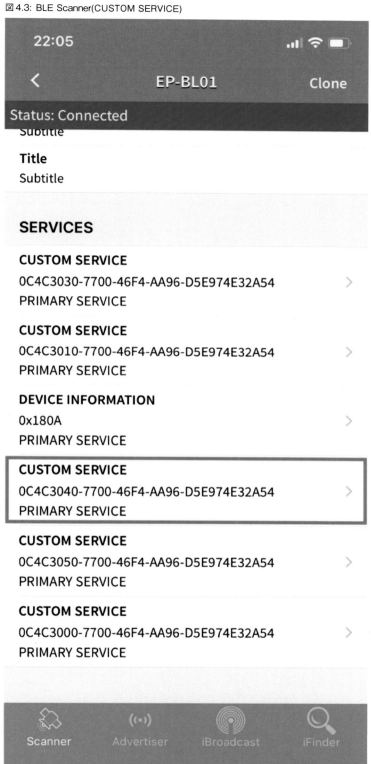

図 4.4: GATT Services

2. GATT Services

UUIDs of supported GATT services are shown below. Except public services defined by Bluetooth specification, full UUIDs of all the CUSTOM services and characteristics are based on the same Base UUID as follows.

Base UUID
0C4C XXXX -7700-46F4-AA96D5E974E32A54

Table 6. List of supported GATT Services

Service UUID	Service name	Number of Characteristics
0x3000	Sensor Service	6
0x3010	Setting Service	9
0x3030	Control Service	4
0x3040	Parameter Service	2
0x3050	DFU Service	3
0x1800 (Public)	Generic Access Service	3
0x1801 (Public)	Generic Attribute Service	1
0x180A (Public)	Device Information Service	5

手順3

CUSTOM SERVICE の Service UUID が 3042 のものを探し、「Write,Read」を選択します (ADV setting に該当)。

ビーコンモード (General Broadcaster 2 モード) に設定するため、以下の文字列を書き込みます。

0808A000000A00320400

図4.5: BLE Scanner(CUSTOM SERVICE)

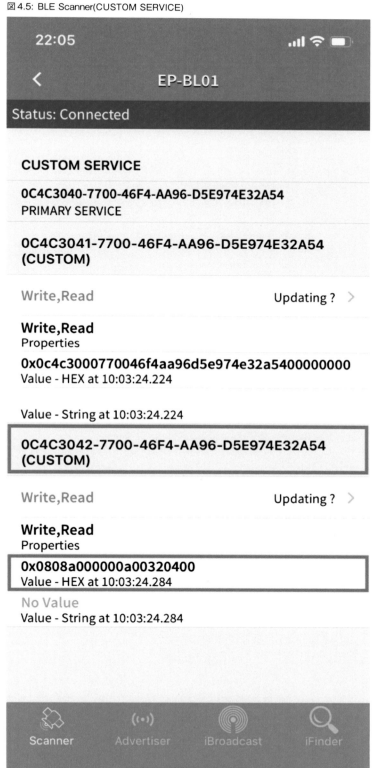

図 4.6: ADV Setting

2.4.2 ADV setting (Characteristics UUID: 0x3042)

Set various Advertisement related parameters. Time Information is cleared to zero (0) when Beacon Mode is changed, so Time Information must be set to start data recording again.

* After changing the settings of this characteristic, it is necessary to make power cycle by removing and inserting battery.

* It makes difficult to establish a connection with the central device in a very short "Transmission period in Limited Broadcaster" setting.

Table 32. ADV setting format

Byte	Field	Format		Contents
0	ADV_IND Advertise interval	L	UInt16	Advertise interval Unit：0.625ms Range：0x0320(500ms) to 0x4000(10.24s) Default：0x0808 (1285ms)
1		H		
2	ADV_NONCON_IND Advertise interval	L	UInt16	Unit：0.625ms Range：0x00A0(100ms) to 0x4000(10.24s) Default：0x00A0 (100ms) *Not used
3		H		
4	Transmission period in Limited Broadcaster	L	UInt16	Set transmission period per cycle when Beacon Mode 0x03, 0x05 Limited Broadcaster Unit：1 sec Range：0x0001(1s) to 0x3FFF(16383s) Default：0x000A (10s)
5		H		
6	Silent period in Limited Broadcaster	L	UInt16	Set silent period per cycle when Beacon Mode 0x03, 0x05 Limited Broadcaster Unit：1 sec Range：0x0001(1s) to 0x3FFF(16383s) Default：0x0032 (50s)
7		H		
8	Beacon Mode	UInt8		Range：0x00(0) to 0x0A(10) Default：0x08 (8) *Refer to Table 33. Beacon Mode for details
9	Tx Power	SInt8		Unit：dBm Range：-20, -16, -12, -8, -4, 0, 4 dBm Default：0x00 (0 dBm)

図 4.7: Beacon Mode

Table 33. Beacon Mode

Beacon Mode	Name	Shortened Device Name	Device Name	Adv. Format	
				Normal condition	Event detected
0x00	Event Beacon (SCAN RSP)	Env	EnvSensor-BL01	(B)	(A)/(B) Alternate
0x01	Standard Beacon	Env	EnvSensor-BL01	(B)	
0x02	General Broadcaster 1	IM	IM-BL01	(D)	
0x03	Limited Broadcaster 1	IM	IM-BL01	(D)	
0x04	General Broadcaster 2	EP	EP-BL01	(E)	
0x05	Limited Broadcaster 2	EP	EP-BL01	(E)	
0x07	Alternate Beacon	Env	EnvSensor-BL01	(A)/(B) Alternate	
0x08	Event Beacon (ADV)	Env	EnvSensor-BL01	(C)	(A)/(C) Alternate

手順4

　一度切断すると、BLEデバイス名がEP(EP-BL01)に変わりますので、再接続します。

　アドバタイズパケットの内容が更新され、測定データが含まれていることを確認します。リトルエンディアンで、左から7、8文字目がTemperature(L)＝「80」、9、10文字目がTemperature(H)＝「0a」です。Temperatureは16進数で「0a80」、10進数で「2688」となり、単位は0.01℃ですので、気温の測定データは26.88℃となります。

図4.8: ADVERTIMENT DATA

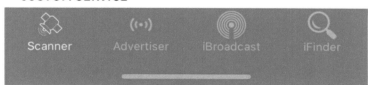

図 4.9: Data format

Byte	Field		Format	Contents
0	Row number / Sequence number		UInt8	With Data Recording: Range：0 to 12　(*1) Without Data Recording: Range：0 to 255
1	Temperature	L	SInt16	Unit：0.01 degC
2		H		
3	Relative Humidity	L	SInt16	Unit：0.01 %RH
4		H		
5	Light	L	SInt16	Unit：1 lx
6		H		
7	UV Index	L	SInt16	Unit：0.01
8		H		
9	Barometric Pressure	L	SInt16	Unit：0.1 hPa
10		H		
11	Sound noise	L	SInt16	Unit：0.01 dB
12		H		
13	Discomfort Index (*2)	L	SInt16	Unit：0.01
14		H		
15	Heatstroke risk factor (*2)	L	SInt16	Unit：0.01 degC
16		H		
17	Battery voltage	L	UInt16	Unit：1 mV
18		H		

Table 8. Latest data format

3.5. (E) Sensor ADV 2 (ADV_IND)

Table 50. (E) Sensor ADV 2 (ADV_IND) format

Link Layer packet format (47 octets)	PDU (39 octets)	ADV_IND PDU Payload (37 octets)	AdvData (31 octets)	AD	Offset	Field	Value
0						Preamble (1 octets)	
1						Access Address (4 octets)	
2							
3							
4							
5	0					PDU Header (16bits)	
6	1						
7	2	0				AdvA (6 octets)	
8	3	1					
9	4	2					
10	5	3					
11	6	4					
12	7	5					
13	8	6		AD 1	0	Length	0x02
14	9	7			1	AD Type	0x01
15	10	8			2	Flags	0x06
16	11	9		AD 2	3	Length	0x17
17	12	10			4	AD Type	0xFF
18	13	11			5	Company ID	0xD5
19	14	12			6		0x02
20	15	13			7	Sequence number	
21	16	14			8	Temperature	
22	17	15			9		
23	18	16			10	Relative humidity	
24	19	17			11		
25	20	18			12	Ambient light	
26	21	19			13		
27	22	20			14	UV index	
28	23	21			15		
29	24	22			16	Pressure	
30	25	23			17		
31	26	24			18	Sound noise	
32	27	25			19		
33	28	26			20	Discomfort index	
34	29	27			21		
35	30	28			22	Heat stroke	
36	31	29			23		
37	32	30			24	RFU	
38	33	31			25		
39	34	32			26	Battery voltage	
40	35	33		AD 3	27	Length	0x03
41	36	34			28	AD Type	0x08
42	37	35			29	Local Name	"E"
43	38	36			30		"P"
44						CRC	
45							
46							

4.4　ラズパイへInfluxDBとGrafanaをインストールする

環境

・InfluxDB 1.8.10

・Grafana 9.0.3

ラズパイを最新の状態に更新します。

```
$ sudo apt update

$ sudo apt upgrade -y
```

apt-keyコマンドで、InfluxDBとGrafanaパッケージの公開鍵を登録します。

```
$ wget -q -O - https://packages.grafana.com/gpg.key | sudo apt-key add -

$ echo "deb https://packages.grafana.com/oss/deb stable main" | sudo tee
/etc/apt/sources.list.d/grafana.list

$ wget -qO- https://repos.influxdata.com/influxdb.key | sudo apt-key add -

$ echo "deb https://repos.influxdata.com/debian buster stable" | sudo tee
/etc/apt/sources.list.d/influxdb.list
```

aptコマンドで、InfluxDBとGrafanaパッケージをインストールします。

```
$ sudo apt update

$ sudo apt install -y influxdb grafana
```

自動起動する設定に変更します。

```
$ sudo systemctl unmask grafana-server.service

$ sudo systemctl enable grafana-server.service

$ sudo systemctl unmask influxdb.service

$ sudo systemctl enable influxdb.service
```

InfluxDBとGrafanaを起動します。

```
$ sudo systemctl start grafana-server

$ sudo systemctl start influxdb
```

4.5 オムロンのサンプルプログラムをインストールする

オムロンからサンプルプログラムが提供されています。

・新しいサイト[7]

・旧サイト[8]

新しいサイトのサンプルプログラムはPython3に対応していますが、測定データの画面表示とログファイルへの出力機能しかありませんので、旧サイトのサンプルプログラムを使用して測定データをGrafanaで表示します。

依存関係

・BlueZライブラリー(python-bluezパッケージのインストール)

・Python2.7

　―pybluez

　―influxdb-python

依存関係の準備をします。

BlueZライブラリー(python-bluezパッケージ)をインストールします。Pythonモジュール(pybluez)もインストールされます。

```
$ sudo apt install -y python-bluez
```

測定データをInfluxDBへ格納するため、influxdbモジュールをインストールします。

```
$ sudo pip install influxdb
```

依存関係の準備ができたので、サンプルプログラムを取得します。

```
$ git clone https://github.com/OmronMicroDevices/envsensor-observer-py
```

設定ファイルを編集します(viを使用してconf.pyを編集する例)。

```
$ cd envsensor-observer-py/envsensor-observer-py
```

```
$ vi conf.py
```

conf.pyの変更箇所は以下のとおりです。

・InfluxDBへ測定データを格納します。

7.https://github.com/omron-devhub/2jciebl-bu-ble-raspberrypi

8.https://github.com/OmronMicroDevices/envsensor-observer-py

—INFLUXDB_OUTPUT = False → True
・InfluxDBのIPアドレス(ローカルアドレス)を指定します。
　—INFLUXDB_ADDRESS = "xxx.xxx.xxx.xxx" → "127.0.0.1"
・測定データを格納するデータベース名(好きな名前)を指定します(「mysensor」とする例)。
　—INFLUXDB_DATABASE = "xxxxxxxx" → "mysensor"
・測定データを格納するMEASUREMENT名(データベースのテーブルに相当)を指定します
　(「mysensor」とする例)。
　—INFLUXDB_MEASUREMENT = "xxxxxxxx" → "mysensor"

conf.py ファイルの内容 (変更後)

```python
#!/usr/bin/python

import os

# envsensor_observer configuration ###########################################

# Bluetooth adaptor
BT_DEV_ID = 0

# time interval for sensor status evaluation (sec.)
CHECK_SENSOR_STATE_INTERVAL_SECONDS = 300
INACTIVE_TIMEOUT_SECONDS = 60
# Sensor will be inactive state if there is no advertising data received in
# this timeout period.


# csv output to local file system
CSV_OUTPUT = True
# the directory path for csv output
CSV_DIR_PATH = os.path.dirname(os.path.abspath(__file__)) + "/log"


# use fluentd forwarder
FLUENTD_FORWARD = False
# fluent-logger-python
FLUENTD_TAG = "xxxxxxxx"  # enter "tag" name
FLUENTD_ADDRESS = "localhost"  # enter "localhost" or IP address of remote
fluentd
FLUENTD_PORT = 24224  # enter port number of fluent daemon

# fluent-plugin-influxdb (when using influxDB through fluentd.)
```

```
FLUENTD_INFLUXDB = False
FLUENTD_INFLUXDB_ADDRESS = "xxx.xxx.xxx.xxx"  # enter IP address of Cloud Server
FLUENTD_INFLUXDB_PORT_STRING = "8086"  # enter port number string of influxDB
FLUENTD_INFLUXDB_DATABASE = "xxxxxxxx"  # enter influxDB database name


# uploadging data to the cloud (required influxDB 0.9 or higher)
INFLUXDB_OUTPUT = True
# InfluxDB
INFLUXDB_ADDRESS = "127.0.0.1"  # enter IP address of influxDB
INFLUXDB_PORT = 8086  # enter port number of influxDB
INFLUXDB_DATABASE = "mysensor"  # enter influxDB database name
INFLUXDB_MEASUREMENT = "mysensor"  # enter measurement name
INFLUXDB_USER = "root"  # enter influxDB username
INFLUXDB_PASSWORD = "root"  # enter influxDB user password
```

　サンプルプログラムを実行します。

```
$ sudo python ./envsensor_observer.py
```

　起動後に「complete initialization」と表示され、以後5分毎に「sensor status」の情報が出力されれば正常です。
　停止する場合は、「Ctrl + C」を入力します。

```
envsensor_observer : complete initialization

--------------------------------------------------
sensor status : 2022-07-16 11:33:09.778431 (Intvl. 300sec)
 FFA511257B94 : EP : ACTIVE (2022-07-16 11:33:09.777219)

--------------------------------------------------
sensor status : 2022-07-16 11:38:09.792977 (Intvl. 300sec)
 FFA511257B94 : EP : ACTIVE (2022-07-16 11:38:09.065695)

...
```

　バックグラウンドで動作させ続ける場合は、最後に「&」をつけて起動します。
　起動後はログアウトして問題ありません。

```
$ sudo python ./envsensor_observer.py &
```

4.5.1 参考

新しいサイトのサンプルプログラムを動かす方法について説明します。

依存関係
・BlueZライブラリー(python3-bluezパッケージのインストール)
・Python3
　—pybluez
依存関係の準備をします。
　BlueZライブラリー(python3-bluezパッケージ)をインストールします。Pythonモジュール
(pybluez)もインストールされます。

```
$ sudo apt install -y python3-bluez
```

依存関係の準備ができたので、サンプルプログラムを取得します。

```
$ git clone https://github.com/omron-devhub/2jciebl-bu-ble-raspberrypi
```

サンプルプログラムを実行します。

```
$ cd 2jciebl-bu-ble-raspberrypi
```

```
$ sudo python3 sample_2jciebl-bu-ble.py -m bag
```

起動後に「complete initialization」と表示され、1秒毎に「INFO:」の情報が出力されれば正常です。
停止する場合は、「Ctrl + C」を入力します。

```
$ sudo python3 sample_2jciebl-bu-ble.py -m bag
main detection mode:bag
-- reseting bluetooth device
-- reseting bluetooth device : success
-- open bluetooth device
-- ble thread started
-- set ble scan parameters
-- set ble scan parameters : success
-- enable ble scan
-- ble scan started
envsensor_observer : complete initialization

INFO:2jcie_ble_sample:= 2JCIE-BL =================
```

```
INFO:2jcie_ble_sample:Company ID : d502
INFO:2jcie_ble_sample:Sequence number : 5
INFO:2jcie_ble_sample:Temperature : 25.98
INFO:2jcie_ble_sample:Relative humidity : 82.46
INFO:2jcie_ble_sample:Ambient light : 274
INFO:2jcie_ble_sample:UV index : 0.03
INFO:2jcie_ble_sample:Pressure : 987.5
INFO:2jcie_ble_sample:Sound noise : 33.94
INFO:2jcie_ble_sample:Discomfort index : 76.76
INFO:2jcie_ble_sample:Heat stroke : 26.37
INFO:2jcie_ble_sample:Battery voltage : 178
INFO:2jcie_ble_sample:===========================

INFO:2jcie_ble_sample:= 2JCIE-BL ================
INFO:2jcie_ble_sample:Company ID : d502
INFO:2jcie_ble_sample:Sequence number : 5
INFO:2jcie_ble_sample:Temperature : 25.98
INFO:2jcie_ble_sample:Relative humidity : 82.46
INFO:2jcie_ble_sample:Ambient light : 274
INFO:2jcie_ble_sample:UV index : 0.03
INFO:2jcie_ble_sample:Pressure : 987.5
INFO:2jcie_ble_sample:Sound noise : 33.94
INFO:2jcie_ble_sample:Discomfort index : 76.76
INFO:2jcie_ble_sample:Heat stroke : 26.37
INFO:2jcie_ble_sample:Battery voltage : 178
INFO:2jcie_ble_sample:===========================

...
```

4.6　GrafanaのデータソースにInfluxDBを追加する

ラズパイのデスクトップでChromiumブラウザーを起動し、
http://localhost:3000
へアクセスして、Grafanaのログイン画面を表示します。

図4.11: Grafanaのログイン画面 (ラズパイのデスクトップ)

パソコンからアクセスする場合は、ラズパイのIPアドレスを確認します。

ラズパイのデスクトップで確認する場合は、右上の矢印のアイコンにマウスカーソルを当てると
IPアドレスが表示されます。

図4.12: IPアドレスの確認 (ラズパイのデスクトップ)

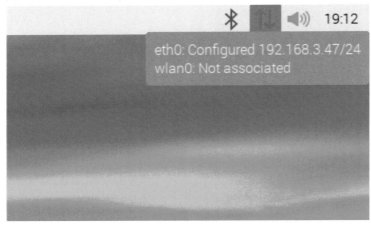

ラズパイのコマンドラインから確認する場合は、ipコマンドを使用します(有線LANを使用して
いる場合は、2: eth0の項目で、inetの後ろがIPアドレスです。無線LANを使用している場合は、3:
wlan0の項目です)。

```
$ ip addr
1: lo: <LOOPBACK,UP,LOWER_UP> mtu 65536 qdisc noqueue state UNKNOWN group default
qlen 1000
    link/loopback 00:00:00:00:00:00 brd 00:00:00:00:00:00
    inet 127.0.0.1/8 scope host lo
       valid_lft forever preferred_lft forever
    inet6 ::1/128 scope host
       valid_lft forever preferred_lft forever
2: eth0: <BROADCAST,MULTICAST,UP,LOWER_UP> mtu 1500 qdisc pfifo_fast state UP
group default qlen 1000
    link/ether b8:27:eb:0f:b8:28 brd ff:ff:ff:ff:ff:ff
    inet 192.168.3.47/24 brd 192.168.3.255 scope global dynamic noprefixroute
eth0
       valid_lft 65756sec preferred_lft 54956sec
    inet6 2400:2410:d461:3100:6a05:dccc:2f6e:b6c5/64 scope global dynamic
mngtmpaddr noprefixroute
       valid_lft 2591685sec preferred_lft 604485sec
    inet6 fe80::4ed9:b3b1:7f38:e2ed/64 scope link
       valid_lft forever preferred_lft forever
3: wlan0: <NO-CARRIER,BROADCAST,MULTICAST,UP> mtu 1500 qdisc pfifo_fast state
DOWN group default qlen 1000
    link/ether b8:27:eb:5a:ed:7d brd ff:ff:ff:ff:ff:ff
```

　パソコンのブラウザー(Chrome、Firefox、など)を起動し、ラズパイのIPアドレスを入力して
Grafanaのログイン画面を表示します。

(例)
http://192.168.3.47:3000

　初回はユーザーadmin、パスワードadminでログインします。
　初回ログイン時にadminユーザーのパスワードを変更する必要があります。パスワードを変更せ
ず、スキップ(Skip)することもできます。ただし、パスワードを変更しない場合、毎回パスワード
を変更する画面が表示されるので、パスワードを変更することをおすすめします。

　ログイン後、左のサイドメニューバーから「Configuration」→「Data sources」を選択します。

図 4.13: ログイン後の画面

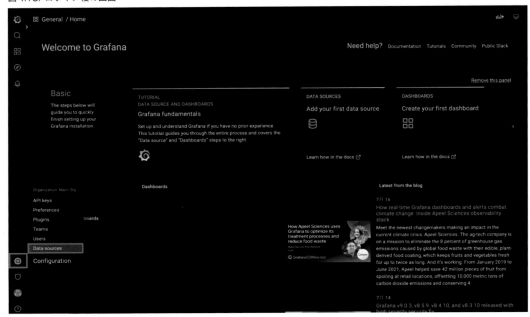

「Data sources」の設定画面で「Add data source」ボタンを押します。

図 4.14: 設定画面 (Data sources)

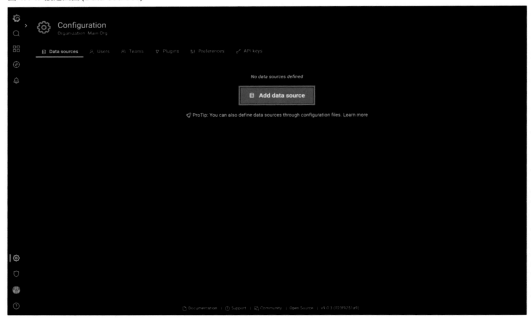

「InfluxDB」を選択します。

図 4.15:　「InfluxDB」を選択

「URL」、「Database」、「User」、「Password」を入力して、「Save & test」ボタンを押します。

図 4.16:　「Data sources / InfluxDB」の設定画面 (1)

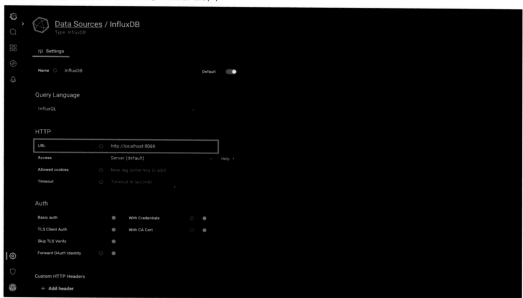

図4.17:「Data sources / InfluxDB」の設定画面(2)

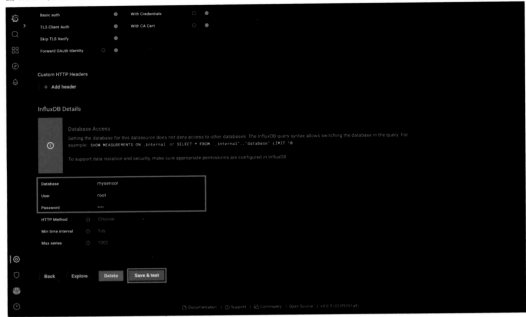

正常に登録されると、「Data source is working」と表示されます。

図4.18: 登録完了画面

「Back」ボタンを押して、「Data sources」のリストに追加されたことを確認します。

図 4.19: 「Configuration / Data sources」のリスト

4.7　Grafanaのダッシュボードに測定データを表示する

Grafanaのサイドメニューバーから「Explore」を選択します。

図 4.20: 「Explore」を選択

データソースのプルダウンメニューから「InfluxDB」を選択します。

「FROM」の「select measurement」を選択するとプルダウンメニューが表示されるので、mysensorを選択します。

「SELECT」の「field(value)」を選択するとプルダウンメニューが表示されるので、表示したい測定データを選択します(Temperatureを選択する例で説明します)。

図4.21: 「Explorer」の設定画面

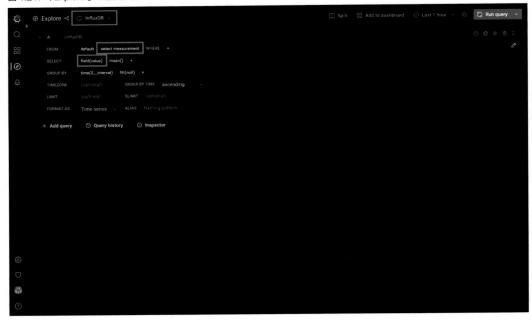

読み込みが正常に完了すると、「Graph」と「Table」にデータが表示されます。

図 4.22: 「Explore」のデータ表示画面

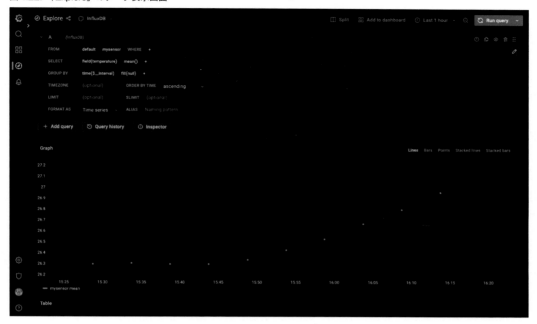

「Add to dashboard」を選択するとポップアップが表示されますので、「Open dashboard」を選択します。

図 4.23: 「Add to dashboard」のポップアップ表示画面

ダッシュボード画面が表示されます。

ディスクのアイコン(Save dashboard)を押してダッシュボードを保存します。

図 4.24: 「New dashboard」画面

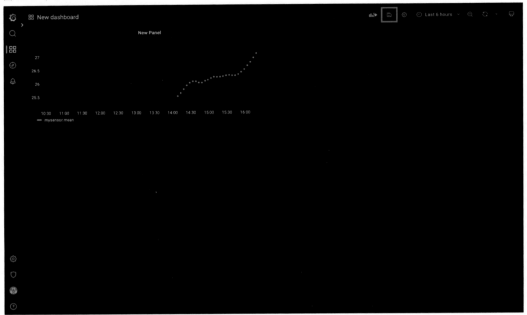

　「Dashboard name」に名前を入力し、「Save」ボタンを押して保存します(名前を myhome に設定
する例で説明します)。

図 4.25: ダッシュボード「myhome」の設定画面

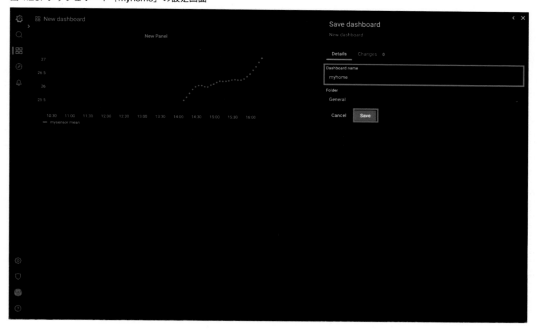

　パネルの「New Panel」のプルダウンメニューから「Edit」を選択します。

図 4.26: 「New Panel」のプルダウンメニュー

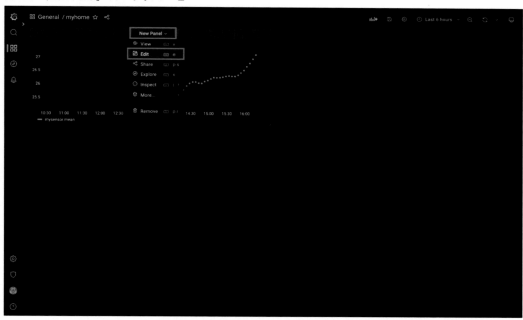

　「Title」に名前を入力し、「Apply」ボタンを押して保存します(名前を Temperature に設定する例で説明します)。

図4.27:「Edit Panel」画面

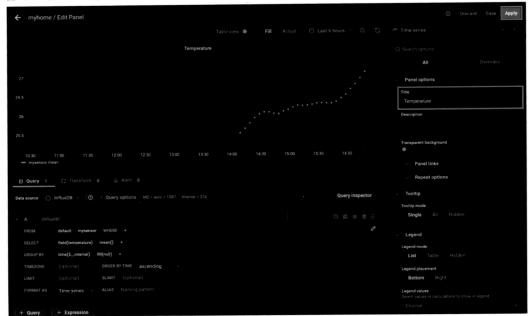

　同様の操作で、気温(Temperature)以外の測定データ(パネル)をダッシュボードに追加して表示できます。

図4.28: 複数パネルのダッシュボード上での表示画面

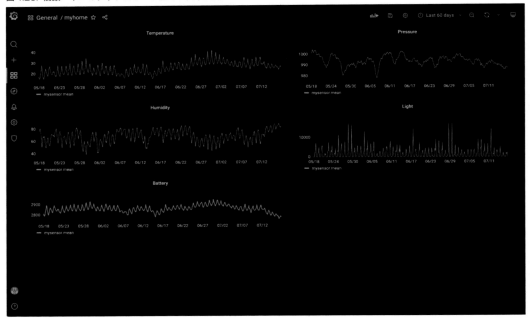

4.8 外出先からラズパイへアクセスする

外出先から(インターネット経由で)Grafanaのダッシュボード画面を確認したい場合、ngrokを使用する方法とArgo Tunnel(cloudflared)を使用する方法があります。

図4.29: 外出先から(インターネット経由で)測定データを見る

4.8.1 ngrokを使用する場合

ngrokのホームページ[9]へアクセスし、「Sign up for free」を押してアカウントを登録します。

図4.30: ngrokのホームページ

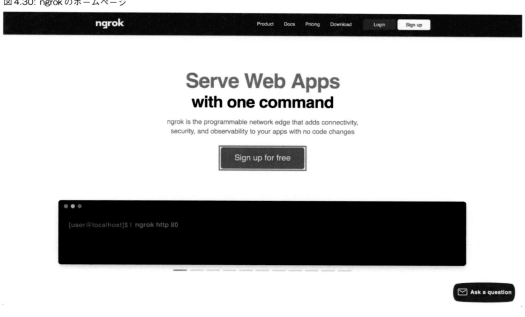

9.https://ngrok.com

アカウント登録後、「Login」を押してログインします。

図4.31: ngrok のホームページ

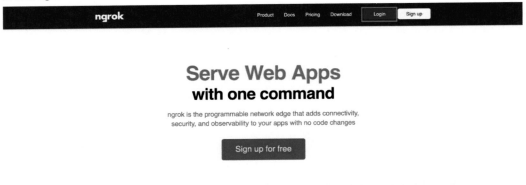

第4章　オムロン環境センサーで測定したデータを可視化する

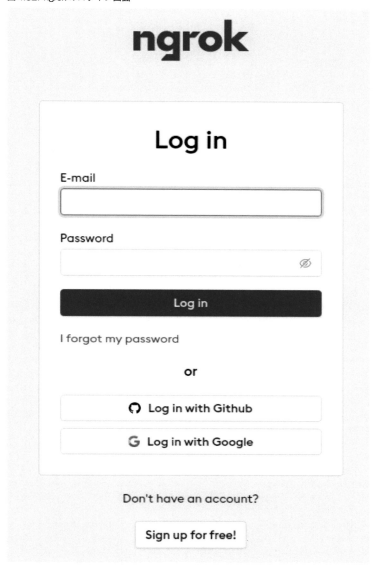

　ログイン後、アクセストークンを取得します(ngrok のダウンロードとインストールはコマンドラインから行います)。

　左側のメニューから「Your Authtoken」を選択します。

図 4.33: 「Setup & Installation」の画面

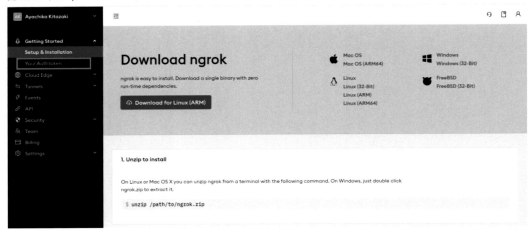

アクセストークンの情報を控えます。

図 4.34: 「Your Authtoken」の画面

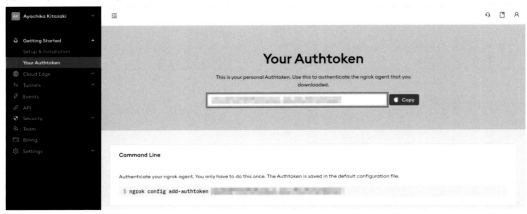

ngrok のソフトウェア(バイナリファイル)をダウンロードして解凍します。

```
$ wget https://bin.equinox.io/c/bNyj1mQVY4c/ngrok-v3-stable-linux-arm.tgz

$ tar xvzf ngrok-v3-stable-linux-arm.tgz
```

アクセストークンの情報を登録します。

```
$ ./ngrok config add-authtoken [アクセストークンの情報]
```

ngrok を起動します。

```
$ ./ngrok http 3000
```

起動後の画面で、「Forwarding」に表示されるURLへアクセスします(URLは起動する度に変わります)。

```
ngrok                                                        (Ctrl+C to quit)

Hello World! https://ngrok.com/next-generation

Session Status    online
Account           Ayachika Kitazaki (Plan: Free)
Version           3.0.6
Region            Japan (jp)
Latency           12ms
Web Interface     http://127.0.0.1:4040
Forwarding        https://d36e-2400-2410-d461-3100-6a05-dccc-2f6e-b6c5.jp.ngrok.io
-> http://localhost:3000

Connections       ttl     opn     rt1     rt5     p50     p90
                  0       0       0.00    0.00    0.00    0.00
```

4.8.2 cloudflaredを使用する場合

Cloudflare の Argo Tunnel サービス[10]を利用します。アカウントの登録は不要です。

```
$ wget https://github.com/cloudflare/cloudflared/releases/latest/download/
cloudflared-linux-arm

$ sudo cp ./cloudflared-linux-arm /usr/local/bin/cloudflared

$ sudo chmod +x /usr/local/bin/cloudflared
```

cloudflared を起動します。

```
$ cloudflared tunnel --url localhost:3000
```

起動後の画面で、「Your quick Tunnel has been created!」に表示されるURLへアクセスします(URLは起動する度に変わります)。

10.https://docs.pi-hole.net/guides/dns/cloudflared/

```
$ cloudflared tunnel --url localhost:3000
2022-07-16T13:40:55Z INF Thank you for trying Cloudflare Tunnel.
Doing so, without a Cloudflare account, is a quick way to experiment
and try it out. However, be aware that these account-less Tunnels
have no uptime guarantee. If you intend to use Tunnels in
production you should use a pre-created named tunnel by following:
https://developers.cloudflare.com/cloudflare-one/connections/connect-apps
2022-07-16T13:40:55Z INF Requesting new quick Tunnel on trycloudflare.com...
2022-07-16T13:40:56Z INF +--------------------------------------+
2022-07-16T13:40:56Z INF |  Your quick Tunnel has been created! Visit it at (it
may take some time to be reachable):  |
2022-07-16T13:40:56Z INF |  https://tour-overcome-sky-brake.trycloudflare.com
|
2022-07-16T13:40:56Z INF +--------------------------------------+
2022-07-16T13:40:56Z INF Cannot determine default configuration path. No file
[config.yml config.yaml] in [~/.cloudflared ~/.cloudflare-warp ~/cloudflare-warp
/etc/cloudflared /usr/local/etc/cloudflared]
2022-07-16T13:40:56Z INF Version 2022.7.1
2022-07-16T13:40:56Z INF GOOS: linux, GOVersion: go1.17.10, GoArch: arm
2022-07-16T13:40:56Z INF Settings: map[protocol:quic url:localhost:3000]
2022-07-16T13:40:56Z INF cloudflared will not automatically update when
run from the shell. To enable auto-updates, run cloudflared as a service:
https://developers.cloudflare.com/cloudflare-one/connections/connect-apps/
run-tunnel/as-a-service/
2022-07-16T13:40:56Z INF Generated Connector ID: fa0da8cb-54be-4395-962e-
82e0d614e4b1
2022-07-16T13:40:56Z INF Initial protocol quic
2022-07-16T13:40:56Z INF Starting metrics server on 127.0.0.1:38251/metrics
2022/07/16 22:40:56 failed to sufficiently increase receive
buffer size (was: 176 kiB, wanted: 2048 kiB, got: 352 kiB). See
https://github.com/lucas-clemente/quic-go/wiki/UDP-Receive-Buffer-Size for
details.
2022-07-16T13:40:57Z ERR Failed to serve quic connection error="Unauthorized:
Failed to get tunnel" connIndex=0 ip=198.41.200.233
2022-07-16T13:40:57Z ERR Register tunnel error from server side
error="Unauthorized: Failed to get tunnel" connIndex=0 ip=198.41.200.233
2022-07-16T13:40:57Z INF Retrying connection in up to 2s seconds connIndex=0
ip=198.41.200.233
2022-07-16T13:40:58Z INF Connection 5b9ff234-9f20-4e8f-9642-29a560afcff0
registered connIndex=0 ip=198.41.200.233 location=KIX
2022-07-16T13:40:58Z INF Connection 000ce43d-3ae1-4de7-9a69-a574de037362
```

```
registered connIndex=1 ip=198.41.192.57 location=NRT
2022-07-16T13:40:59Z INF Connection 5a82f0ec-7c18-4107-b26b-835af9f64eab
registered connIndex=2 ip=198.41.200.33 location=KIX
2022-07-16T13:41:00Z INF Connection 1fdfb49a-7bf7-4c31-bbff-40ea92ba280a
registered connIndex=3 ip=198.41.192.47 location=NRT
```

4.9 さいごに

　新型コロナウイルスの影響により、自宅で過ごす時間が長くなりました。自宅環境を数値・可視化することで、少しでも改善・快適にできるかもしれません。ぜひ、いろいろな環境センサーとGrafanaとの組み合わせを試してみてください！

第5章　Googleスプレッドシートと連携する

ざっきー

5.1　はじめに

こんにちは。ざっきーと申します。

仕事は通信会社でインフラ設備の運用保守業務を担当しています。

プライベートでは、オンラインイベントのYouTubeLive配信(放送部活動)やIoT/電子工作を主としたモノづくり(コミュニティー活動)を行っています。

さて、今回はGrafana 8.10以降で追加されたデータソースのGoogleスプレッドシートとの連携について試してみた、という話を書きたいと思います。

5.2　データソースプラグインとは

標準では、データソースにGoogleスプレッドシートを指定することができません。

Grafanaパッケージ(データソースプラグイン[1])をインストールして、データソースにGoogleスプレッドシート[2]を選択できるようにします。

1.https://grafana.com/grafana/plugins/
2.https://grafana.com/grafana/plugins/grafana-googlesheets-datasource/

図 5.1: プラグインのページ

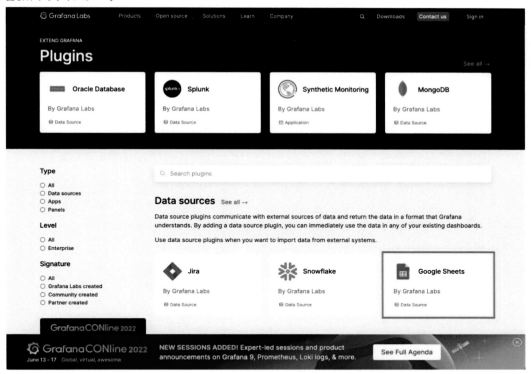

図 5.2: Google スプレッドシート (Google Sheets) データソースのページ

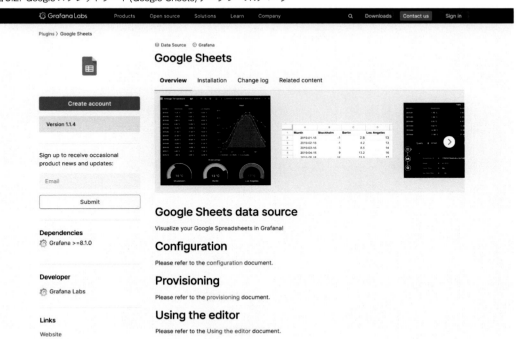

5.3 Grafanaパッケージをインストールする

Linux(Ubuntu)、Raspberry Pi(ラズパイ)環境へGrafanaパッケージをインストールする前提で、手順を書きます。

環境
・Linux(Ubuntu 18.04.6 LTS)
・Raspberry Pi OS(Buster)

apt-keyコマンドでGrafanaパッケージの公開鍵を登録します。

```
$ wget -q -O - https://packages.grafana.com/gpg.key | sudo apt-key add -

$ echo "deb https://packages.grafana.com/oss/deb stable main" | sudo tee
/etc/apt/sources.list.d/grafana.list
```

aptコマンドでGrafanaパッケージをインストールします。

```
$ sudo apt update

$ sudo apt install -y grafana
```

5.4 データソースプラグインをインストールする

grafana-cliコマンドで、Google Sheetsデータソースプラグインをインストールします。

```
$ grafana-cli plugins install grafana-googlesheets-datasource

∟ Downloaded grafana-googlesheets-datasource v1.1.4 zip successfully

Please restart Grafana after installing plugins. Refer to Grafana documentation
for instructions if necessary.
```

Grafanaを起動します。プラグインをインストールする前にGrafanaを起動していた場合は、プラグインをインストール後にgrafana-serverプロセスを再起動する必要があります。

Grafanaを起動する場合
```
$ sudo systemctl start grafana-server
```

Grafana を停止する場合

```
$ sudo systemctl stop grafana-server
```

Grafana を再起動する場合

```
$ sudo systemctl restart grafana-server
```

5.5　Docker で Grafana をインストールする場合

Docker 環境(docker コマンド)で Grafana をインストールする前提で手順を書きます。

```
$ docker run -d -p 3000:3000 --name=grafana grafana/grafana:latest
```

Grafana へ初回ログイン時に admin ユーザーのパスワードを変更する必要がありますが、Docker で Grafana をインストールする場合、Grafana インストール時に admin ユーザー名とパスワードを指定することができます(下記はパスワードを password に設定する例)。

```
$ docker run -d -p 3000:3000 --name=grafana -e "GF_SECURITY_ADMIN_USER=admin" -e
"GF_SECURITY_ADMIN_PASSWORD=password" grafana/grafana:latest
```

5.6　Docker の Grafana でデータソースプラグインをインストールする場合

Docker 環境(docker コマンド)で Grafana 実行環境(コンテナ)へログインして、grafana-cli コマンドで Google Sheets データソースプラグインをインストールします。

docker コマンドでコンテナ ID を確認してログインします(下記はコンテナ ID が d4a380064126 の例)。

```
$ docker ps
CONTAINER ID    IMAGE                  COMMAND      CREATED           STATUS
PORTS                   NAMES
d4a380064126    grafana/grafana:latest    "/run.sh"    About an hour ago    Up About
an hour    0.0.0.0:3000->3000/tcp    grafana

$ docker exec -it d4a380064126 bash
```

grafana-cli コマンドで、Google Sheets データソースプラグインをインストールします。

```
$ cd bin
$ grafana-cli plugins install grafana-googlesheets-datasource

∟ Downloaded grafana-googlesheets-datasource v1.1.4 zip successfully

Please restart Grafana after installing plugins. Refer to Grafana documentation
for instructions if necessary.
```

　コンテナからログアウトして、コンテナを再起動します。

```
$ exit

$ docker restart d4a380064126
```

5.7　DockerでGrafanaをインストールするときに合わせてデータソースプラグインをインストールする場合

　Docker環境(dockerコマンド)でGrafanaをインストールするときに初回ログイン時のadminユーザーのパスワードを指定したり、Google Sheetsデータソースプラグインを合わせてインストールすることができます。

```
$ docker run -d -p 3000:3000 --name=grafana -e "GF_SECURITY_ADMIN_USER=admin" -e
"GF_SECURITY_ADMIN_PASSWORD=password" -e "GF_INSTALL_PLUGINS=grafana-googlesheets
-datasource" grafana/grafana:latest
```

5.8　Google Sheetsデータソースを追加する

　ローカル環境でブラウザーを起動し、Grafanaのログイン画面を表示する前提で手順を書きます。
　ブラウザーでGrafanaのログイン画面(http://localhost:3000/)を表示し、ユーザーadmin、パスワードadminでログインします。

初回ログイン時にadminユーザーのパスワードを変更する必要があります。パスワードを変更せず、スキップ(Skip)することもできます。ただし、パスワードを変更しない場合、毎回パスワードを変更する画面が表示されるので、パスワードを変更することをおすすめします(Grafanaをインストールするときにadminユーザーのパスワードを指定した場合はパスワードを変更する画面は表示されません)。

図 5.4: パスワード変更画面

ログイン後、左のサイドメニューバーから「Configuration」→「Data sources」を選択します。

図 5.5: ログイン後の画面

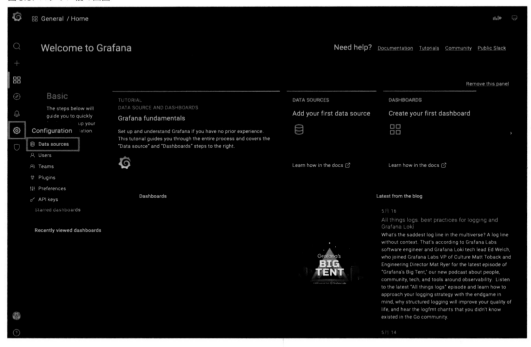

「Data sources」の設定画面で「Add data source」ボタンを押します。

図 5.6: 設定画面 (Data sources)

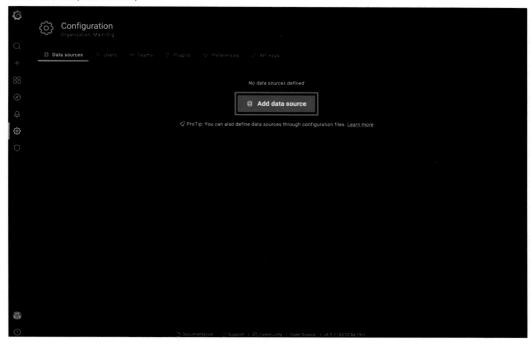

下へスクロールして、「Google Sheets」を選択します。

図 5.7: 「Google Sheets」を選択

「Name」と「API Key」を入力して、「Save & test」ボタンを押します (Google スプレッドシートへのアクセスに必要な「API Key」の登録方法については、次の項目で説明します)。

図 5.8:「Data sources / Google Sheets」の設定画面

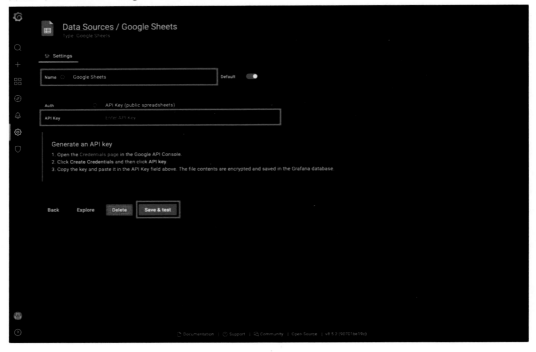

正常に登録されると、「Success」と表示されます。

図 5.9: 登録完了画面

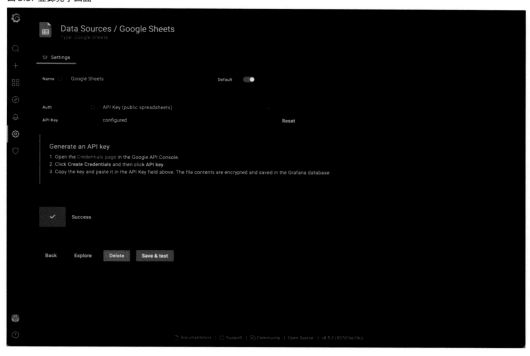

「Back」ボタンを押して、「Data sources」のリストに追加されたことを確認します。

図5.10: 「Configuration / Data sources」のリスト

5.9　GoogleスプレッドシートのAPIキーを登録する

Google Cloud Platformのコンソール画面[3]へアクセスします。

Googleアカウントを持っている方はログインします。

3.https://console.cloud.google.com/

図5.11: Google Cloud Platformのログイン画面

Google
ログイン
Google Cloud Platform に移動する
メールアドレスまたは電話番号
メールアドレスを忘れた場合
ご自分のパソコンでない場合は、ゲストモードを使用して非公開でログインしてください。 詳細
アカウントを作成
次へ
日本語
ヘルプ
プライバシー
規約

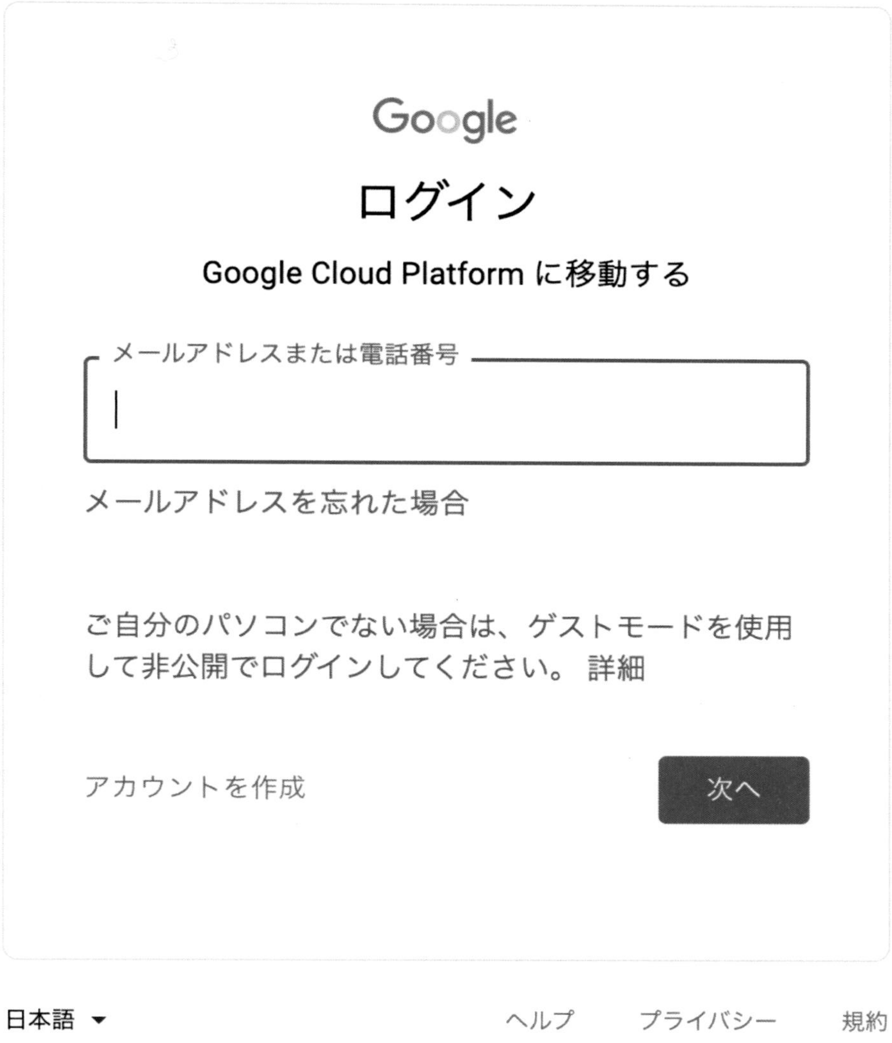

Googleアカウントを持っていない場合はアカウントを作成してログインします。

図 5.12: Google アカウントの作成画面

ログイン後、左上のナビゲーションメニューを押すとサイドメニューバーが表示されます。

図 5.13: ログイン後の画面

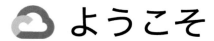

「APIとサービス」→「認証情報」を選択します。

図5.14: ナビゲーションメニュー選択画面

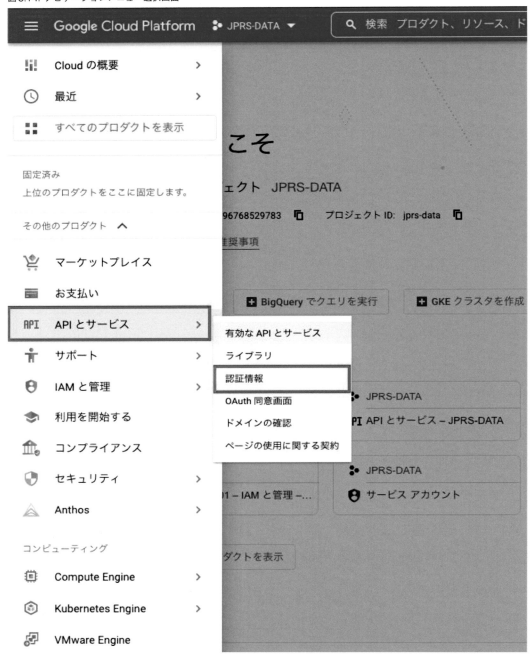

「認証情報を作成」→「APIキー」を選択します。

図5.15: 認証情報の画面

ポップアップ画面が表示されるので、自分のAPIキーの情報をGrafanaへ登録します。
登録したら「閉じる」を押します。

図5.16: APIキー情報

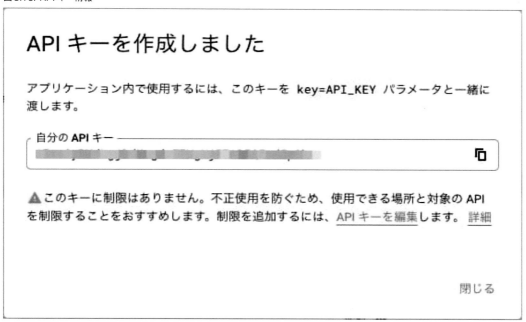

作成したAPIキーは制限がない状態です(アイコンに「！」マークがついています)ので、APIキー
を選択して編集します。

図 5.17: 認証情報の画面 (API キーを選択)

APIの制限で「キーを制限」を選択します。「Select APIs」のプルダウンメニューから「Google Sheets API」を選択します。

図5.18: API キーを編集する画面

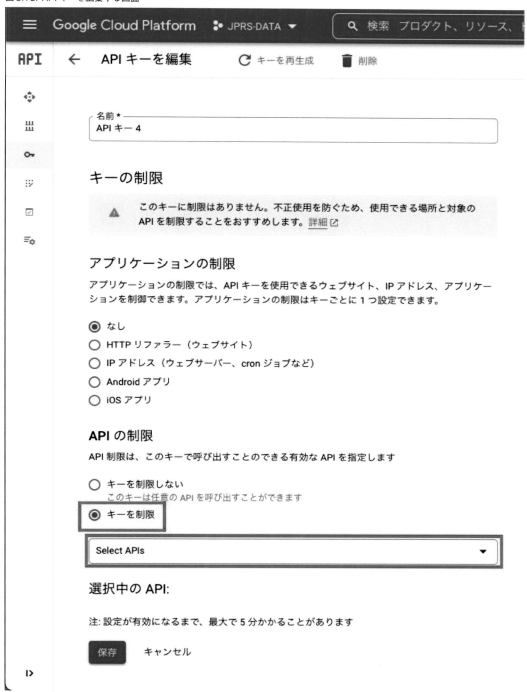

「OK」を押して、プルダウンメニューを閉じます。

図5.19: プルダウンメニューから「Google Sheets API」を選択する画面

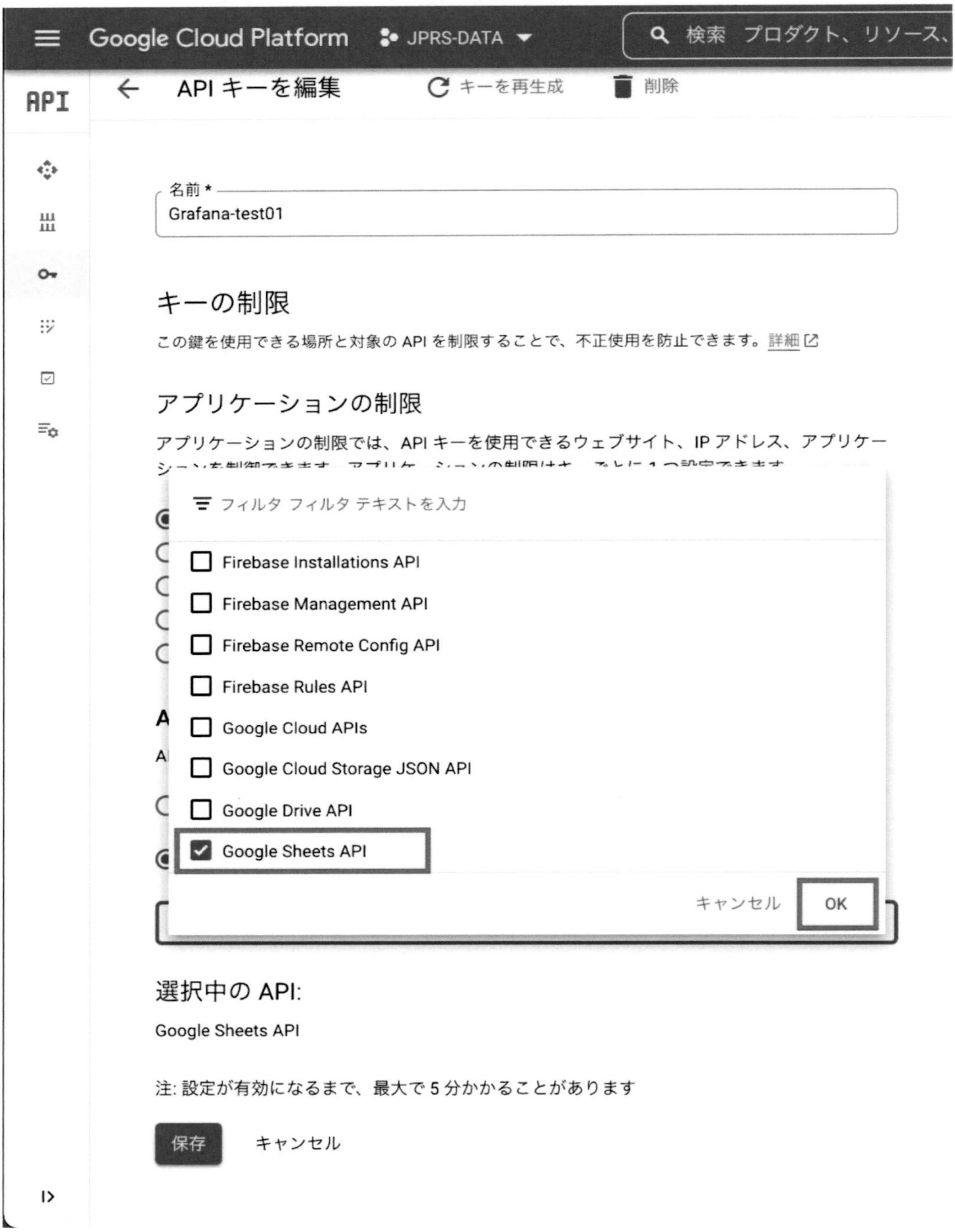

選択中のAPIにGoogle Sheets APIが表示されていることを確認して、「保存」ボタンを押します。

図5.20: API キーを編集する画面(Google Sheets API を選択済)

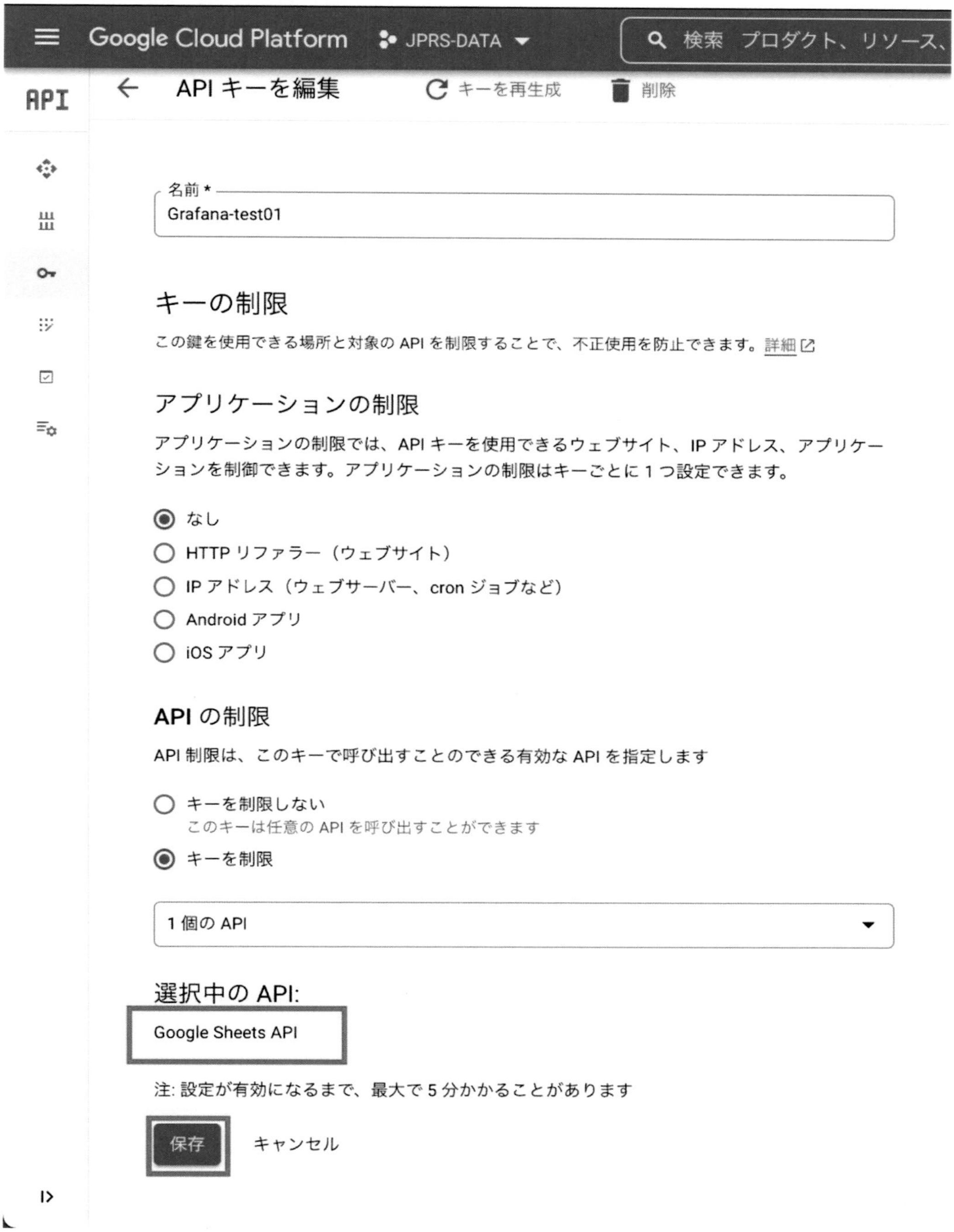

≡　Google Cloud Platform　⁂ JPRS-DATA ▼　　🔍 検索　プロダクト、リソース、

API

←　API キーを編集　　↻ キーを再生成　　🗑 削除

名前 *
Grafana-test01

キーの制限

この鍵を使用できる場所と対象の API を制限することで、不正使用を防止できます。詳細 ⧉

アプリケーションの制限

アプリケーションの制限では、API キーを使用できるウェブサイト、IP アドレス、アプリケーションを制御できます。アプリケーションの制限はキーごとに 1 つ設定できます。

⦿ なし
◯ HTTP リファラー（ウェブサイト）
◯ IP アドレス（ウェブサーバー、cron ジョブなど）
◯ Android アプリ
◯ iOS アプリ

API の制限

API 制限は、このキーで呼び出すことのできる有効な API を指定します

◯ キーを制限しない
　　このキーは任意の API を呼び出すことができます
⦿ キーを制限

1 個の API　　　　　　　　　　　　　　　　　　　　　　▼

選択中の API:

Google Sheets API

注: 設定が有効になるまで、最大で 5 分かかることがあります

保存　　キャンセル

‹›

アイコンのマークが「！」から「レ」に変わっていれば問題ありません。

5.10 Googleスプレッドシートの内容を読み込む

以下のような、Google スプレッドシートの内容を読み込む場合を例に説明します。

図 5.22: Google スプレッドシートの例

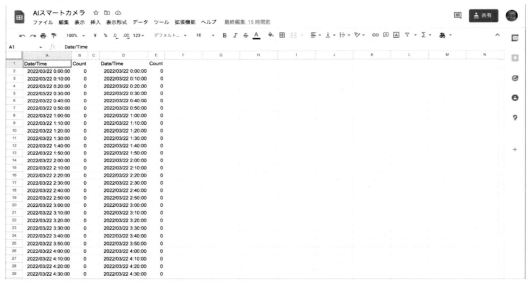

Grafana のサイドメニューバーから「Explore」を選択します。

図5.23: 「Explore」を選択

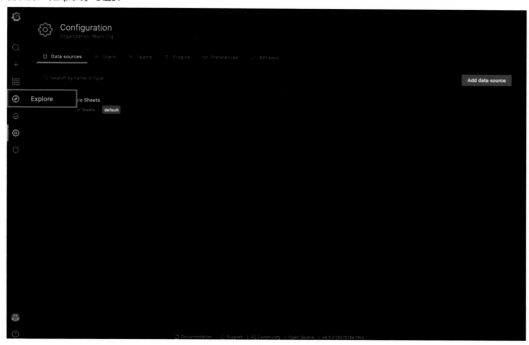

データソースのプルダウンメニューから「Google Sheets」を選択します。

「Spreadsheet ID」にシートIDを入力します。

例.

Google SheetsのURLの¦シートID¦の部分

https://docs.google.com/spreadsheets/d/¦シートID¦/edit#gid=0

「Range」に「シート名!セル:セル」または「シート名!列:列」の形式で入力します。

例.

シート名「left」でA列からB列まで選択　→　left!A:B

図 5.24: 「Explore」の設定画面

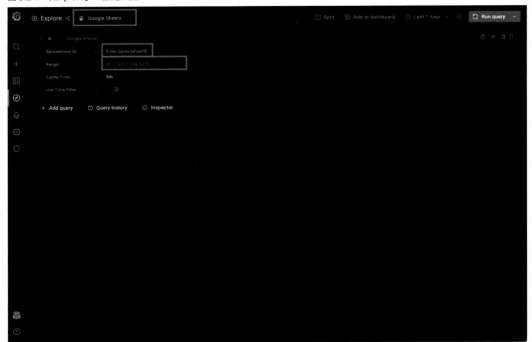

Google Sheetsの読み込みが正常に完了すると、「Table」にデータが表示されます。

図 5.25: 「Explore」の Table データ表示画面

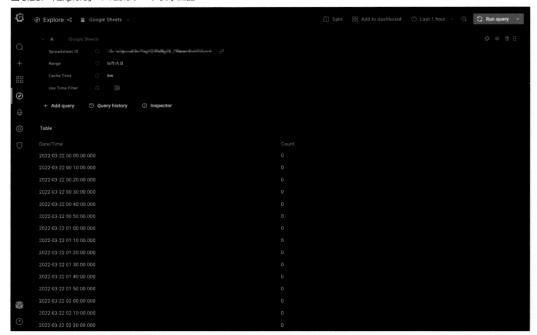

5.11 グラフを表示する

ダッシュボードにグラフ表示します。「Add to dashboard」ボタンを押します。

図5.26:「Explore」の「Add to dashboard」を押す画面

ポップアップ画面が表示されますので、「Open dashboard」ボタンを押します。

図5.27:「Explore」のポップアップ画面

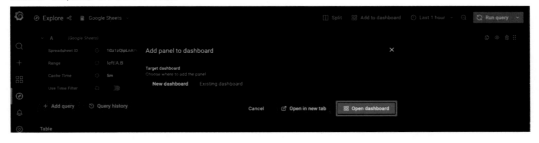

ダッシュボード画面が表示されます。
「New Panel」のプルダウンメニューから「Edit」を選択します。

図 5.28: 「New dashboard」画面

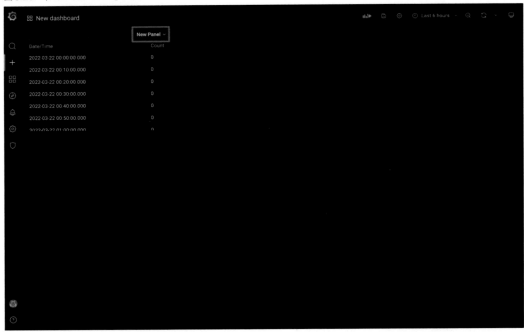

図5.29: 「New Panel」のプルダウンメニュー

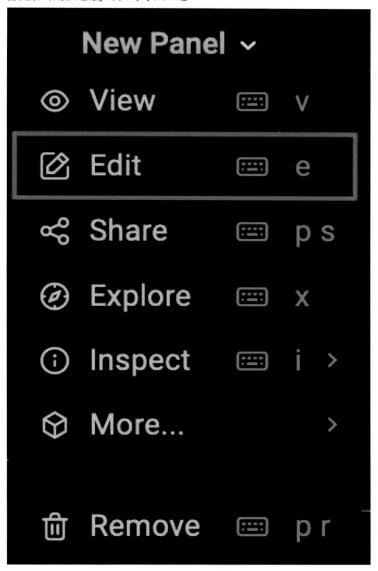

「Edit Panel」画面が表示されます。

　表示タイプのプルダウンメニュー(最初は「Table」が選択されています)から「Graph (old)」を選択します。

図 5.30: 「Edit Panel」画面

図 5.31: プルダウンメニューから「Graph (old)」を選択する画面

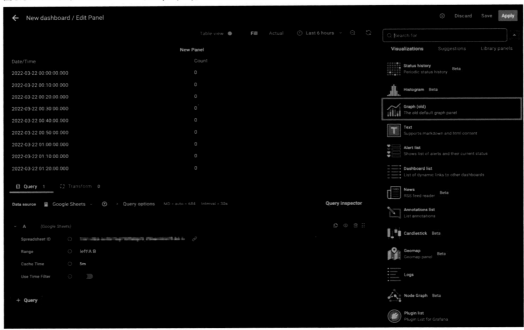

　線グラフが表示されることを確認します。

　「Apply」ボタンを押して設定を保存します。

図5.32: 「Graph (old)」(線グラフ) の表示画面

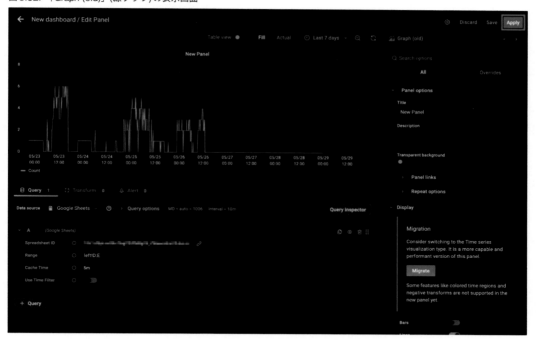

ダッシュボード上で線グラフが表示されます。

5.12 さいごに

Google スプレッドシートもグラフを表示する機能はありますが、Grafana と連携させることでデータの表示方法が柔軟になり、表現の幅を広げることができます。

また、データ分析や監視(閾値、前週比較、など)と連携させることで、機能向上を図ることができます。

ぜひ、Google スプレッドシートと Grafana を接続して、いろいろな表示方法を試してみてください！

第6章 Grafana画面作成入門

青木 敬樹

6.1 はじめに

インフラエンジニアのグラハムは、上司からキャパシティ管理のために常に可視化できる環境を作成することを求められました。どうやらリソース不足によるサーバー再起動でサービス影響が発生した事故が原因のようです。とにかく、リソースが不足していればすぐにわかるようにしたいとのこと。アラートもできればほしい、ということで標準でアラートエンジンもついているGrafanaを利用して可視化とアラート通知ができる環境を作成しました。さっそく画面を作成していきます。

Grafanaは多彩な機能を具備した可視化ツールです。標準装備も多機能ながら、さらにプラグインを入れることでより便利にカスタマイズも可能なツールです。さて、本章では以下のような標準的なグラフの作成を行うとともにアラートの設定まで行っていきましょう。

図6.1: 今回の目標

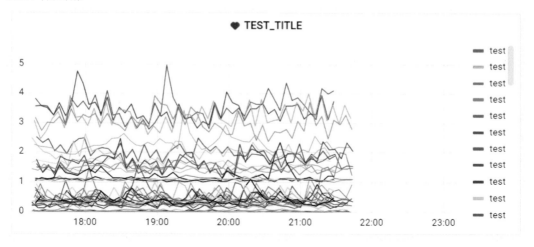

6.2 パネルを作成する

まずGrafanaはデータを表示するためのパネルを作成し、その後グラフを作成します。
New Dashboardから新規ダッシュボードを作成してみましょう（図6.2）。
続いて、"Add Panel" -> "Add an empty panel" から新しいグラフを作成します。(図6.3)

図 6.2: New Dashbord の作成

図 6.3: panel の追加

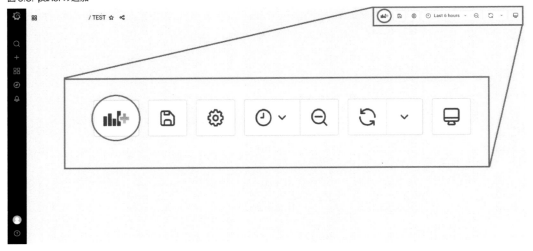

図 6.4: Add an empty panel

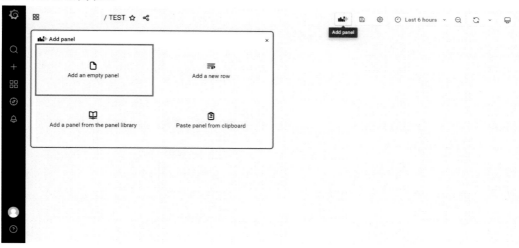

Add an empty pannelをクリックすると、グラフの編集画面が表示されます。ここまでで、パネルの作成は完了となります。

6.3　データを取り込む

続いて、グラフデータの取り込みです。Data Sourceのプルダウンから対象のデータベースを選択しましょう。続いて、データベースから情報取得するためのクエリを選択していきましょう。（図6.5）

今回は、InfluxDBを使用したためソースにInfluxDBと記載されています。Grafanaではその他My SQLやAWS Cloud Watchなど、幅広いものを扱うことが可能です。データを選択するとデータがプロットされることが確認できると思います（今回はALIASにtestと記載しているため、全てtestという名称になっています）。

図 6.5: Data Source 選択

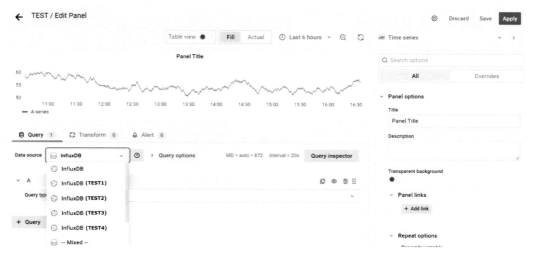

図 6.6: プロット結果（※凡例の ALIAS は test に変更）

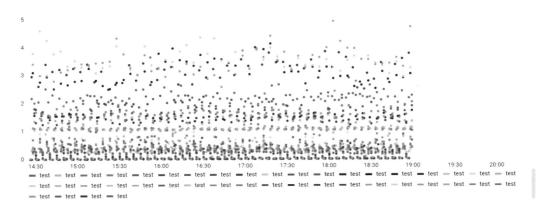

6.4 グラフを装飾する

ここまでで、データをグラフにプロットすることができました。まだ離散的な時系列データをプロットしているのみのため、補完や目盛りの設定を行うことで見やすいグラフを作成していきましょう。

まずは、グラフタイトルの編集からです。サイドパネルから "Panel options" -> "Title" を編集します。(図 6.7)

図 6.7: タイトル編集

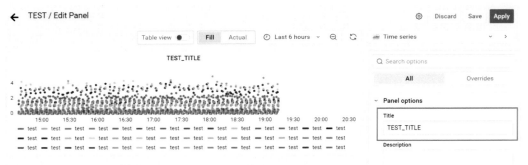

続いて凡例を編集します。凡例の位置は "Legend" -> "Legend placement" で調整できます。今回は Bottom から Right に変更を行うことで右に凡例を置きます。

図6.8: 凡例編集

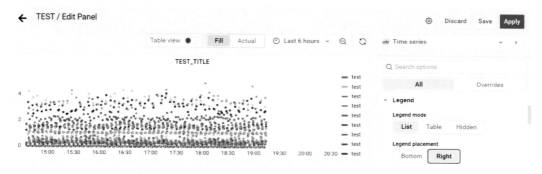

ドットの表示だけではグラフが見づらいため、プロットされた点を線で補完します。"Graph style"->"Connect null values"で変更できます。デフォルトがNeverとなっているため、今回はAlwaysに設定を行いました。

図6.9: ラインスタイルの編集

6.5　通知を設定する

さて、ここまででメインのグラフの設定は完了しました。最後にAlertの設定[1]です。

Alertのタブを選択し、Create AlertのボタンからAlertを作成していきます。

1.https://grafana.com/docs/grafana/latest/alerting/old-alerting/create-alerts/

図 6.10: Alert を作成する

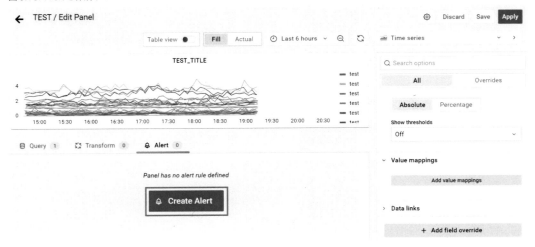

まずは、Rule の設定です。項目の意味はそれぞれ以下のとおりです。

図 6.11: Rule の設定項目

Rule

| | | | | | | |
| Name | TEST_alert | ⓘ | Evaluate every | 5m | For | 2h ⓘ |

表 6.1: Rule の設定項目

項目	説明
Name	Alert のルールの名前
Evaluate every	判定を行う間隔
For	○時間継続したら通知

続いて、conditions の設定です。

図 6.12: conditions の設定項目

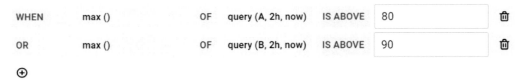

たとえば、以下の式の意味合いは

・WHEN max() of query(A, 2h, now) IS ABOVE 80

　　—意味：クエリ A における 2h 前〜現在（now）の最大値(max)が 80 を上回った場合に通知

となります。

次は、No data and error handlingです。

・If no data or all values are null set state to ○○

・If execution error or timeout set state to ○○

これらは、不正なデータや実行エラーが起きた場合の例外処理となります。処理の種類は全部で4項目で、以下のような内容となっています。

表6.2: エラー処理の設定項目

値	説明
No Data	アラートの状態をNoDataに設定
Alerting	アラートの状態をAlertingに設定
Keep Last State	アラートの状態を最後に判定した状態で保ちます
OK	アラートの状態をOKに保ちます（公式に用途不明と記載されています）。

用途によって異なるとは思われますが、今回はKeep Last Stateとしています。

図6.14: 通知の設定項目

Notifications

Send to   +

Message   Notification message details...

Tags   New tag name...   New tag value...
                   ⊕ Add Tag

最後にNotificationです。Messageは通知の際に記載されるメールの本文です。MessageはHTMLの文章やリッチテキストをサポートしており、テンプレートも設定できるようです。

Send toは通知先の設定となります。

通知先をGrafanaの左側のタブから"Alerting"->"Notification channels"->"New channel"から名前やe-mailアドレスを事前に設定しておきましょう。ここで設定を行うと、"Send to"の通知先で選択肢の項目に出てきます。

図6.15: Alerting の設定

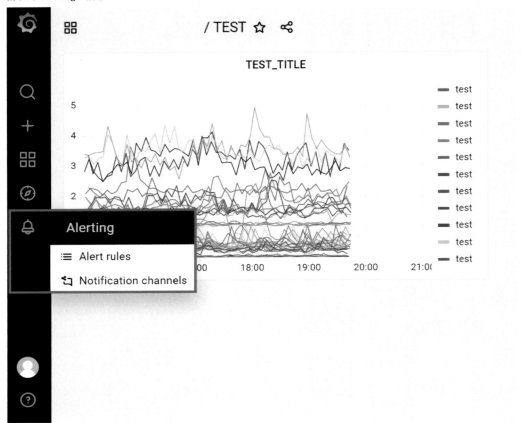

図6.16: 新しいチャンネルの作成

図6.17: 通知先の設定項目

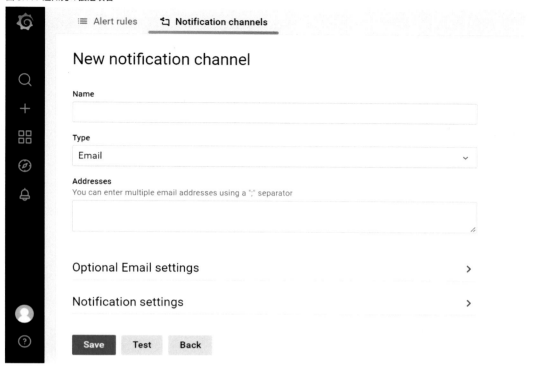

第7章　Grafana画面を一括変更しよう

青木 敬樹

7.1　はじめに

　グラハムはGrafana画面を完璧に作成することができたために、上機嫌で運用を進めていました。ところが、何やらアラートのメールがたくさん飛んできます。確認すると、アプリを増やしたために想定よりも使用リソースが増えてしまったようです。容量としては問題ないものの、通知が多数飛ぶため同僚から苦情がきます。そこで、グラハムは許容量の手前辺りまでの閾値の変更をひとつずつ行いました。

　そして次の日。グラハムは組織改編があり、メールアドレスが変わってしまいました。

　そこで、グラハムはひとつずつメールアドレス通知先を変更していきます。

　そして次の日。キャパシティ管理の会議で許容量の基準が厳しくなりました。グラハムはまたGrafanaの閾値をひとつずつ変更していきます。

　そして次の日…グラハムの不幸は続きます。

　グラハムの不幸はさておき、Grafanaの画面が増えるにつれてGUIで操作を行うのは煩雑さを増していきます。保守・運用のためのツールを保守することに工数がかかるのは本末転倒ですし、そもそも退屈で面倒な作業だからやりたいものではありません。退屈な作業は何とやらにやらせようということで、今回はPythonを用いてGrafanaの設定（今回は、アラートの設定）を一括で変更する方法を実践していきます。

7.2　Pythonを用いたGrafanaの設定

　まず初めに、jsonファイルの確認から行っていきましょう。Grafanaはjsonファイルで設定が保存されています。

　jsonファイルによる設定は「歯車マーク」⇒「JSON Model」で確認ができます。

図 7.1: 設定確認

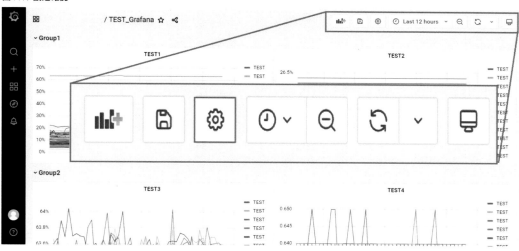

図 7.2: JSON Model 確認画面

　まず、手始めにこのjsonファイルの構造を読んでみて、概略を把握してみましょう。

　一度このjsonファイルをコピーして、中身を読んでみます。今回はjsonファイルを読み込むのにjsonモジュールを使用します。このモジュールでjsonファイルを読み込むと辞書型に変換してくれるため、非常に解析がしやすくなります（変換といってもjsonファイルの書式が辞書型のようにも見えますが）。

Sample コード

```
import json
from pprint import pprint


with open("Grafana_TEST.json", "r", encoding="utf-8") as f:
    json_file = json.load(f)
```

```
pprint(json_file, width=40)
```

出力

```
{'annotations': {'list': [{'builtIn': 1,
                           'datasource': '-- Grafana --',
                           'enable': True,
                           'hide': True,
                           'iconColor': 'rgba(0, 211, 255, 1)',
                           'name': 'Annotations & Alerts',
                           'target': {'limit': 100,
                                      'matchAny': False,
                                      'tags': [],
                                      'type': 'dashboard'},
                           'type': 'dashboard'}]},
 .
 .
 .
```

　ここまでで読み込むことに成功しましたが、深い階層構造になっており、少しわかりづらい気がします。そこで、まずは辞書のkeyだけ取り出してみましょう。

Sample コード

```
json_file_keys=json_file.keys()
print("keyの個数：",len(json_file_keys))
print(json_file_keys)
```

出力

```
keyの個数： 18
dict_keys(['annotations', 'editable', 'gnetId', 'graphTooltip', 'id', 'links',
'panels', 'refresh', 'schemaVersion', 'style', 'tags', 'templating', 'time',
'timepicker', 'timezone', 'title', 'uid', 'version'])
```

　キーは18個もあるようですね。人間は言語を媒介しなければ4つまでしか理解できないといいますから、なるほど把握することが難しかったはずです。さて、keyをざっと見てみると、意味がわかりそうなものがあります。”id”などは識別子、”title”はそのままタイトルでしょう。この中でGrafanaの画面を構築するとなると、"panels"をいじればよさそうです（なんといっても、Grafanaで新しく画面を作るときはAdd panelと書かれていますからね）。それでは、"panels"の中身を読んでみましょう。titleとpanelsも先ほどと同様出力してみると、

Sample コード

```
print("タイトル",json_file["title"])
pprint(json_file["panels"], width=40)
```

出力

```
タイトル TEST_Grafana
[{'collapsed': True,
  'datasource': None,
  'gridPos': {'h': 1,
              'w': 24,
              'x': 0,
              'y': 0},
  'id': xx,
  'panels': [{'datasource': 'InfluxDB(TEST)',
              'fieldConfig': {'defaults': {'color': {'mode': 'palette-classic'},
                                           'custom': {'axisLabel': ''
                                                   .
                                                   .
                                                   .
```

となっています。注目してほしいのは、"panels"の中身が"["で始まっているということです。つまり、panelsの中身はリストであるということがわかります。ざっと中を見ると、辞書式でさらに["panels"]が保存されているものもありました。"panels"の中身は辞書かリストの形式のどちらかが入っていると思われます。

下の画面をサンプルにして、再起的に探索を行って、一度にすべての"panels"内の"title"を出力してみましょう。

図 7.3: サンプル画面

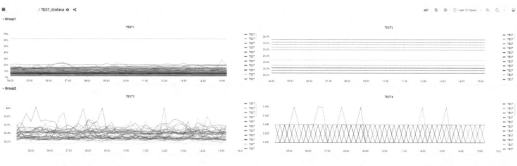

Sample コード

```python
def recurse_read(data,depth:int):
    if isinstance(data,dict):
        _data=data.get("panels")
        if _data!=None:
            print("    "*depth+">> 【type:dict】 Title=",data.get("title"))
            recurse_read(_data,depth+1)
        else:
            print("    "*depth+">> 【type:dict】 Title=",data.get("title"))
            return 0
    if isinstance(data,list):
        print("    "*depth+">> 【type:list】 length=",len(data))
        for _d in data:
            recurse_read(_d,depth+1)
    return 0

recurse_read(json_file,0)
```

出力

```
>> 【type:dict】 Title= TEST_Grafana
    >> 【type:list】 length= 2
        >> 【type:dict】 Title= Group1
            >> 【type:list】 length= 2
                >> 【type:dict】 Title= TEST1
                >> 【type:dict】 Title= TEST2
        >> 【type:dict】 Title= Group2
            >> 【type:list】 length= 2
                >> 【type:dict】 Title= TEST3
                >> 【type:dict】 Title= TEST4
```

　イメージが少しずつわいてきたのではないでしょうか？ダッシュボードの"panels"の中のlistに集約された辞書がスタックされていたのですね。

　さて長々と解析を行ってきましたが、ここまでで構造の確認を行うとともに、もうひとつ重要なことがわかりました。それは、"panels"を探索していき、一番深いところにある辞書にそれぞれのグラフのタイトルが入っているということです。つまり、表示されるグラフの個々の設定は、その一番深い部分に位置する辞書の中にあるということですね。それでは、ここから本題のグラフ変更を行っていきましょう。

　今回の題材は、Alertの閾値を変更するということです。ドキュメントを読み込むことでも解決しそうですが、今回は少し解析的な手法をとってみましょう。

新しいダッシュボードを作成し、Alertなしでひとつグラフを作成してみてください。次に、json
ファイルを保存した後にAlertを入れてみて、別名でjsonファイルを保存してみてください。

　何かしらのdiffツールを利用してみると、どこがAlertの設定かがわかります（今回はVisual Studio
Codeを利用しています）。今回の場合、Alertを入れると2か所の設定が変更されるようです。80以
上で閾値を設定しましたが、確かに80という数字やgt(grater than)という文字が入っています。こ
の部分をテンプレートとして、それぞれalert1.json、alert2.jsonとして保存しておきましょう。

図7.4: diffツールの結果1

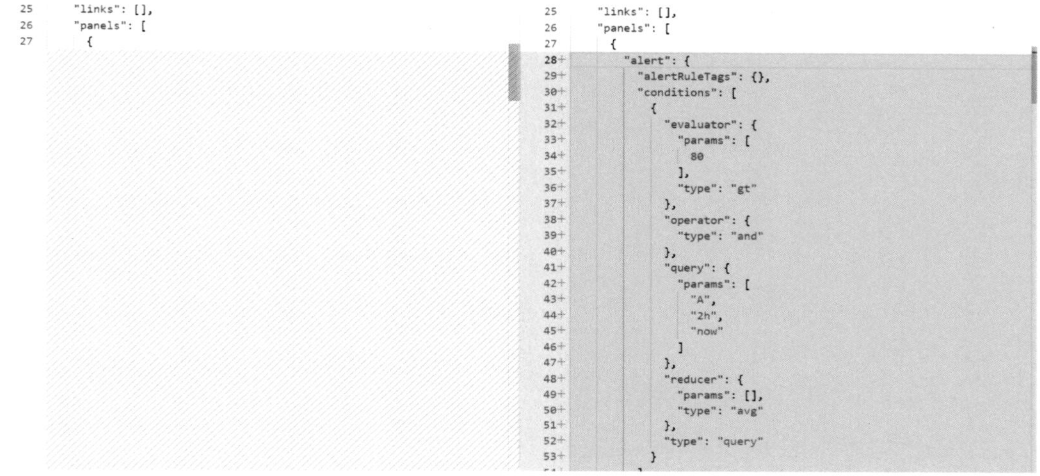

```
25        "links": [],                    25        "links": [],
26        "panels": [                     26        "panels": [
27          {                             27          {
                                          28+           "alert": {
                                          29+             "alertRuleTags": {},
                                          30+             "conditions": [
                                          31+               {
                                          32+                 "evaluator": {
                                          33+                   "params": [
                                          34+                     80
                                          35+                   ],
                                          36+                   "type": "gt"
                                          37+                 },
                                          38+                 "operator": {
                                          39+                   "type": "and"
                                          40+                 },
                                          41+                 "query": {
                                          42+                   "params": [
                                          43+                     "A",
                                          44+                     "2h",
                                          45+                     "now"
                                          46+                   ]
                                          47+                 },
                                          48+                 "reducer": {
                                          49+                   "params": [],
                                          50+                   "type": "avg"
                                          51+                 },
                                          52+                 "type": "query"
                                          53+               }
```

図7.5: diffツールの結果2

```
158            }                          194            }
159          ],                           195          ],
                                          196+         "thresholds": [
                                          197+           {
                                          198+             "colorMode": "critical",
                                          199+             "op": "gt",
                                          200+             "value": 80,
                                          201+             "visible": true
                                          202+           }
                                          203+         ],
160          "title": "test",             204          "title": "test",
161          "type": "timeseries"         205          "type": "timeseries"
162        }                              206        }
163      ],                               207      ],
164      "schemaVersion": 30,             208      "schemaVersion": 30,
165      "style": "dark",                 209      "style": "dark",
```

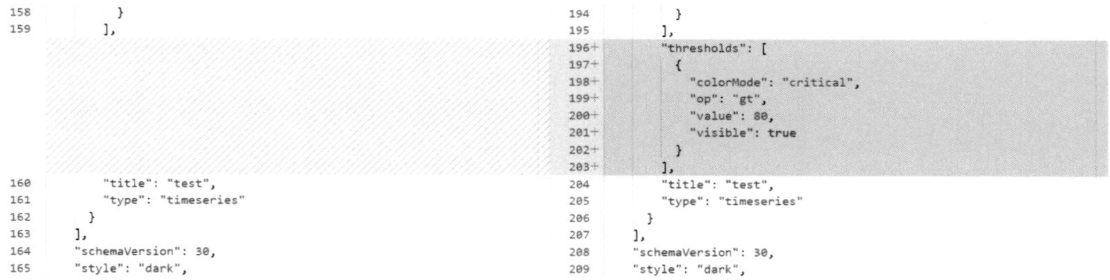

Sampleコード1

```
{
    "alert": {
      "alertRuleTags": {},
      "conditions": [
        {
          "evaluator": {
            "params": [
              80
            ],
```

```
              "type": "gt"
          },
          "operator": {
            "type": "and"
          },
          "query": {
            "params": [
              "A",
              "2h",
              "now"
            ]
          },
          "reducer": {
            "params": [],
            "type": "avg"
          },
          "type": "query"
        }
      ],
      "executionErrorState": "keep_state",
      "for": "0m",
      "frequency": "15m",
      "handler": 1,
      "message": "",
      "name": "test alert",
      "noDataState": "keep_state",
      "notifications": []
    }
}
```

Sample コード2

```
{
"thresholds": [
    {
      "colorMode": "critical",
      "op": "gt",
      "value": 80,
      "visible": true
    }
  ]
}
```

まず、alert1.jsonを確認してみましょう。"alert" のvalueに辞書があります。keyを確認すると

```
dict_keys(['alertRuleTags', 'conditions', 'executionErrorState', 'for',
'frequency', 'handler', 'message', 'name', 'noDataState', 'notifications'])
```

となっています。それぞれのvalueを確認してみると、Grafana上でAlertの表記と対応しているため、必要な部分を変更して記載すればよいということですね。

さて、ここまでで何の情報を入れるべきかというところまでは把握できました。ここからは各パネルの設定を変更し、情報を更新していきましょう。先ほどのタイトルを表示したパネル設定の辞書のkeyを確認してみると、以下のようになっていました。

```
dict_keys(['alert', 'datasource', 'fieldConfig', 'gridPos', 'id', 'options',
'targets', 'thresholds', 'title', 'type'])
```

図の内容と照らし合わせてみると、alert1.jsonとalert2.jsonはそれぞれ"alert"、"thresholds"に対応していることがわかります。あとは、先ほど保存したテンプレート（alert1.json、alert2.json）の任意の値だけ変更し、各valueを上書きしていけばよいということですね。

Sample コード

```python
def recurse_write(data:"dict or list",depth:int):
    with open("alert1.json", "r", encoding="utf-8") as f:
        alert1 = json.load(f)
    with open("alert2.json", "r", encoding="utf-8") as f:
        alert2 = json.load(f)
    if isinstance(data,dict):
        _data=data.get("panels")
        if _data!=None:
            print("    "*depth+">> 【type:dict】 Title=",data.get("title"))
            data["panels"]=recurse_write(data["panels"],depth+1)
        else:
            print("    "*depth+">> 【type:dict】 Title=",data.get("title"))
            if data.get("title")=="TEST1":
                alert1["alert"]['conditions'][0]['evaluator']['params'] = [70]
                alert1["alert"]['conditions'][0]['evaluator']['type'] = "gt"
                alert2["thresholds"][0]["op"]="gt"
                alert2["thresholds"][0]["value"]=70
            elif data.get("title")=="TEST2":
                alert1["alert"]['conditions'][0]['evaluator']['params'] = [65]
                alert1["alert"]['conditions'][0]['evaluator']['type'] = "gt"
                alert2["thresholds"][0]["op"]="gt"
                alert2["thresholds"][0]["value"]=65
```

```
        elif data.get("title")=="TEST3":
            alert1["alert"]['conditions'][0]['evaluator']['params'] = [20]
            alert1["alert"]['conditions'][0]['evaluator']['type'] = "lt"
            alert2["thresholds"][0]["op"]="lt"
            alert2["thresholds"][0]["value"]=20
        elif data.get("title")=="TEST4":
            alert1["alert"]['conditions'][0]['evaluator']['params'] = [10]
            alert1["alert"]['conditions'][0]['evaluator']['type'] = "lt"
            alert2["thresholds"][0]["op"]="lt"
            alert2["thresholds"][0]["value"]=10
        data["alert"]=copy.deepcopy(alert1["alert"])
        data["thresholds"]=copy.deepcopy(alert2["thresholds"])
        return data
    if isinstance(data,list):
        print("    "*depth+">> 【type:list】 length=",len(data))
        for i in range(len(data)):
            data[i]=copy.deepcopy(recurse_write(data[i],depth+1))
    return data
```

図 7.6: Alert 設定後の画面

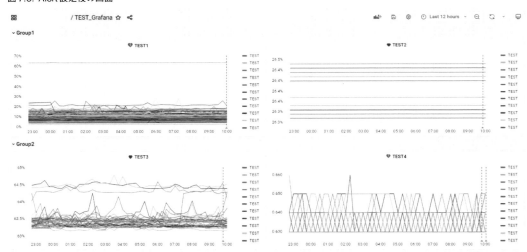

　もちろん辞書のキーがわかっているため、ダイレクトにvalueを変更することも可能です。今回は可読性と筆者のワーキングメモリーの観点からテンプレートを呼び出すことで深い階層にある値を参照することを回避しています。また、このテンプレートを作成すれば、Alertを初期設定する際にも使えるようになるため、パネルを増やしても対応が可能となります。

　これで、アップデートが可能になりました。もちろんif文で変更することも可能ですが、更にコンフィグファイルを作成してcsvなどで読み込めるようにしておくことで、より便利になります。ま

た、必要に応じてクエリの処理などを追加すると、より便利になるでしょう。

第8章　Grafanaヒヤリハット集&回避策

高橋 哲平

8.1　はじめに

Grafanaを利用していく上で、現場で遭遇したヒヤリハットを共有します。

Grafanaの機能を正しく利用することで回避できるものもありますので、ご参考になれば幸いです！

本章の執筆環境は以下です。

・Grafana v8.2.1

・Zabbix plugin for Grafana(Alexander Zobnin)[1] 4.2.2

※わかりやすくするため、一部脚色しています。安心してください。笑

8.2　【ヒヤッ①】電源OFFしてない機器でトラフィック減?!

・hogeSW**1a**

・hogeSW**2a**

の2台のスイッチがある設備にて、hogeSW**2a**の電源OFFをする作業がありました。

対象ホスト誤りがないように気を払いつつ、電源OFF！確認でGrafanaを見てみると、、

「あれ？！hogeSW1a側のTrafficが0になっている？！」

1.https://github.com/alexanderzobnin/grafana-zabbix/blob/docs/docs/sources/index.md

図8.1: hogeSW1a側が Traffic 0 に...

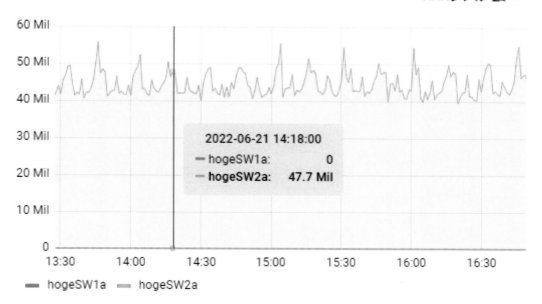

【原因】

実は、グラフに設定したエイリアスが誤っていたというヒューマンエラーでした。
正しくSW2a側を電源OFFできていたのですが、凡例がSW1aになっていたのですね。

図8.2: ホスト名とエイリアスがテレコに...

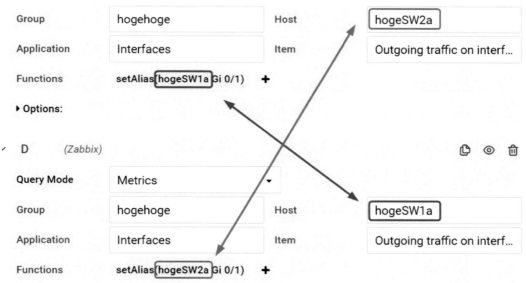

コピペミスは大量にグラフ作成しているときには結構起こるので、ご注意ください。

エイリアスは間違っててもエラーにもならず、気づき辛いのです(この例だと、電源OFFうんぬんの前に、ずっとSW1a側だと思ってみてたグラフが実はSW2a側のものだったということで、気づけて逆にラッキーとも言えますね……)。

【回避策】

「なるべくエイリアスを手動で登録しない」です。

Zabbix連携の場合、Zabbix plugin for Grafana(Alexander Zobnin)を利用すれば、テンプレート変数を使って自動設定が可能です！

```
setAlias($__zbx_host_name)    ⇒ zabbix上の対象ホスト名が自動設定
setAlias($__zbx_item_name)    ⇒ 対象アイテム名が自動設定(正規表現指定でもOK)
setAlias(【$__zbx_host_name】：$__zbx_item_name)のように任意文字追加や連結も可
```

また、Host名も**/hogeSW(1|2)a/**のように正規表現で書けば、クエリ自体ひとつで済みます。間違いを防げるだけでなく、グラフ作成時の手間も削減できていい感じです。

公式ドキュメント[2]には、他のテンプレート変数[3]や、便利な拡張機能も紹介されているので興味あればぜひ確認してみてください〜

8.3 【ヒヤッ②】電源OFFしたノードのtrafficが急増?!

今度は、サービスアウトが決まったhogehogeSW1a/1bを両方電源OFFしました。

後日Grafanaで、電源OFFしたhogehogeSW1a/1bのグラフ消そうかな〜と見てみると、、

「あれ？！なぜかTraffic流れてるな？！」

2.https://alexanderzobnin.github.io/grafana-zabbix/

3.https://alexanderzobnin.github.io/grafana-zabbix/reference/functions/#alias

図 8.3: 謎 Traffic 出現

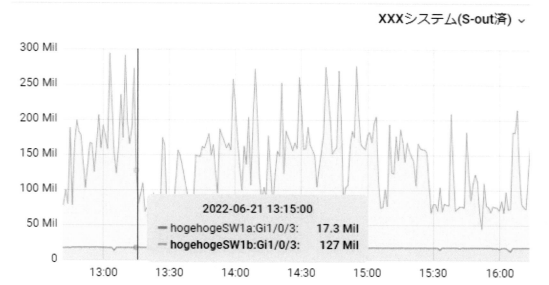

不思議に思って設定を見てみるも、、、特に変なところはなさそうです。

図 8.4: 設定

| Data source | Ⓩ Zabbix ∨ | ⊙ | > Query options | MD = auto = 1468 | Interval = 15s |

∨ A (Zabbix)

Query Mode	Metrics ▾		
Group	hogehoge	Host	hogehogeSW1a
Application	Interfaces	Item	/.* traffic on interface Gigab...
Functions	groupBy(1m, avg) sumSeries() setAlias(hogehogeSW1a:Gi1/0/3) ＋		

「ホスト名も hogehogeSW1a で合ってるな…」
「hogehogeSW1a は確かに昨日電源 OFF したのに、、」
「まさか違う機器の電源 OFF しちゃった?!」
「いや、無人で起動して、現地で暴走している?!?!」

【原因】

これは、Zabbix をデータソースとした際、

「対象 Host が存在しない状態で、Item を正規表現記載すると、全 Host 分取得する」

という挙動となるようです。

この事例だと先にZabbix側のホストを削除したことで、データソース上の全ホストで「/.* traffic on interface GigabitEthernet1/0/3$/」を取得/合計しちゃってます。

試しに、groupByやsetAliasなどを全て消してみると…

図8.5: 大量の凡例が、、！

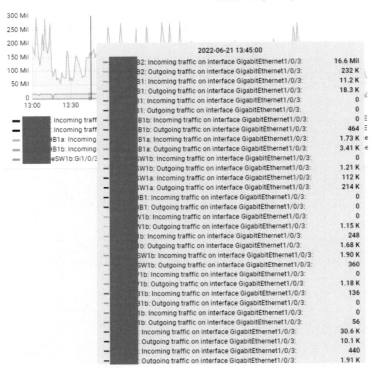

ドヒャ〜と大量に凡例が出てきました。

今回は、たまたまgroupBy・sumSeries・setAliasを使っていたので、凡例が増えることもなくhogehogeSW1aと表示されていたため、気づきにくかったというオチでした。

【回避策】

この事象も、やはりエイリアス手動設定はなるべく避けよう、という点と、Zabbixで対象ホストを削除するときは、同タイミングでGrafanaからもグラフ消しましょうね〜という点で防げると思います。

色々複合原因により発生したので、皆さんの環境でピンポイントで再現することはないと思いま

すが、似た事象が発生した際は確認してみてください。

8.4 【ヒヤッ③】誤ってグラフ上書き保存しちゃった...

ダッシュボードをポチポチいじってて完成！保存！したと思ったら、

「あっ！触りたくないとこもうっかり触ってた！でも、もう保存しちゃった！」

みたいなケース、ありますよね。

図8.6: うわ!!間違えてレイアウト崩れちゃった〜!!

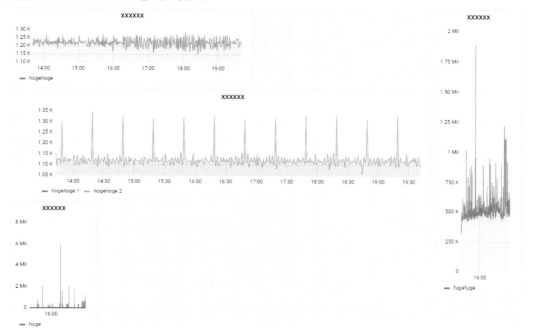

【回避策】

ダッシュボードは保存の度にバージョン履歴が自動登録されています！

歯車マークの「Dashboard settings」＞「Versions」から履歴確認と復元が可能です。

図8.7: 歯車マーク

図8.8: Version履歴一覧

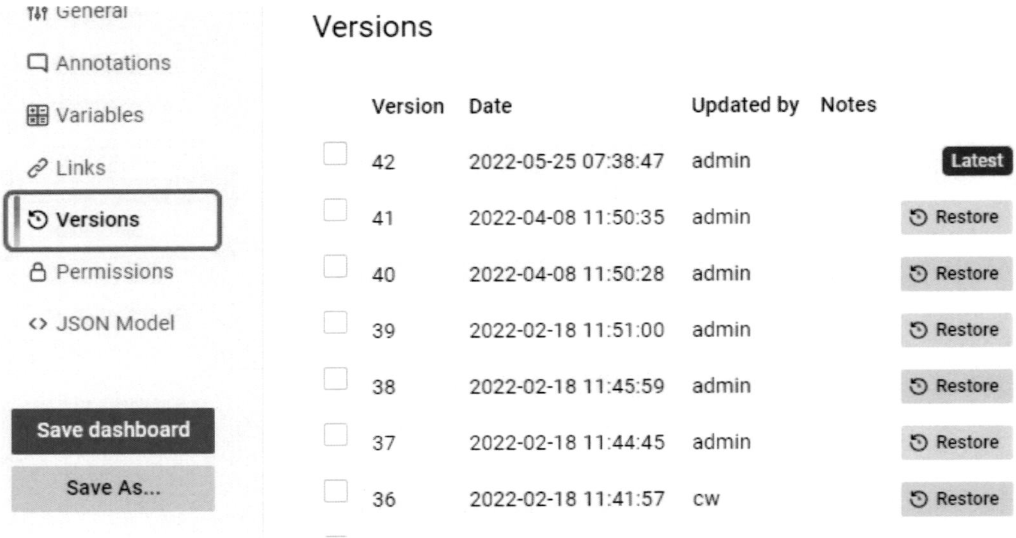
General
Annotations
Variables
Links
Versions
Permissions
JSON Model
Save dashboard
Save As...
Versions
Version
Date
Updated by
Notes
42
2022-05-25 07:38:47
admin
Latest
41
2022-04-08 11:50:35
admin
Restore
40
2022-04-08 11:50:28
admin
Restore
39
2022-02-18 11:51:00
admin
Restore
38
2022-02-18 11:45:59
admin
Restore
37
2022-02-18 11:44:45
admin
Restore
36
2022-02-18 11:41:57
cw
Restore

最大20世代まで保存されており、「Restore」クリックで復元可能です。
Notes欄で変更内容をメモしておくことで、履歴管理もわかりやすくなります。
※グラフ保存時に、「メモ残せ」みたいなポップアップでてきますよね。アレです。

図8.9: とりあえず空欄でSave押しがち

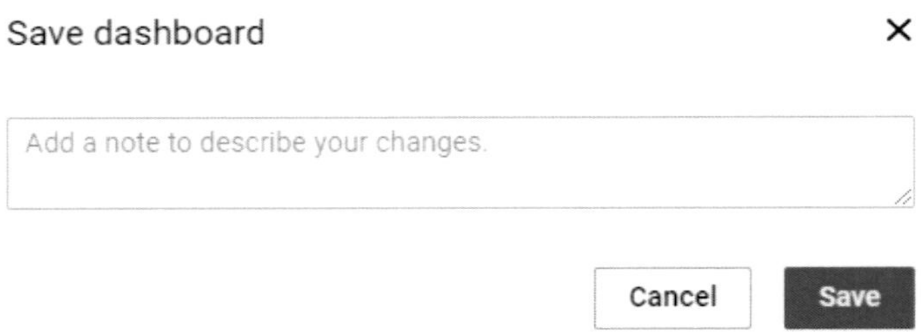
Save dashboard
Add a note to describe your changes.
Cancel
Save

ちなみに、復元(リストア)した場合も、バージョン管理に残るので、
「リストアしたけどこのバージョンじゃなかった！」
を戻すことも可能です。安心ですね！

	Version	Date	Updated by	Notes	
☐	3	2022-06-14 19:18:00	admin	Restored from version 1	Latest
☐	2	2022-06-14 19:17:46	admin	test	↺ Restore
☐	1	2022-01-20 17:20:55	admin	Initial save	↺ Restore

8.5 【ヒヤッ④】検証機触ってると思ったら商用機だった!

　最後は、あるあるだと思います。本番用の商用機と、お試し用の検証機があると、大抵ソックリなので、どっちに入ってるかわからなくなります。Grafanaもしかりです。

　「商用機触ってると思ったら検証機だった！」なら別に問題ないのですが(ないか?)、

　「検証機触ってると思ったら商用機だった！」 はなかなか悲惨です。

　Grafanaなりの回避策を考えてみました。

　【回避策①】

　まずは、安直ですが、「UIテーマのDark/Lightを分ける」です。

　「Configuration」＞「Preferences」から、ダーク/ライトカラーを選択できます。

図8.11: UIテーマ変更

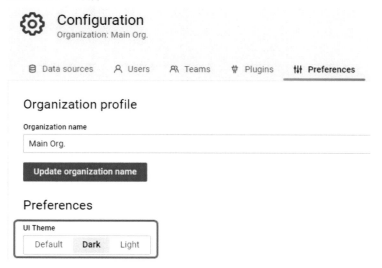

　これで「商用はDark、検証はLight」等と変えておけば、直感的にわかりやすいです。

図8.12: 左が商用、右が検証。2窓してても安心。

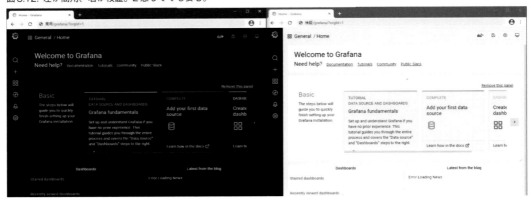

※ログインアカウントにも同様の設定があり、そちらが優先されます。変更しても反映されない場合、アカウント側がDefaultになっているか確認してみてください。

欠点として、2色なので2台までしか対応できません。東Grafana、西Grafana、それぞれ冗長、検証環境、ステージング環境…などと3台以上の場合詰みます。

また、誰か心優しい人が「おっ、商用と検証で色違うな…直しといてあげるか」と慈悲深い行動をしてくれると、逆に色がいいアシストをしてくれて余裕で事故ります。

【回避策②】

「背景画像を設定できるプラグインを導入する」です。

たとえば、Boom Theme[4]というプラグインを使えば、Background Imageの設定が追加されます。

図8.13: 背景画像やcssの追加設定が可能

```
Base Theme

    Default      Dark      light

Background Image

    https://images.unsplash.com/photo-1488866022504-f2584929ca5f?ixlib=rb-1.2.1&ixid=eyJhcHBfaWQiOjEy

Additional CSS Style

    .panel-container {
        background-color: rgba(0,0,0,0.3);
    }
```

4.https://grafana.com/grafana/plugins/yesoreyeram-boomtheme-panel/

図8.14: 目がチカチカしそう

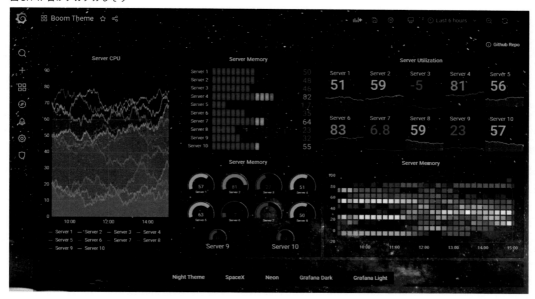

センスは問われますが、これで3台以上でも判断できますね。

【回避策③】

最後は力技ですが、左上のGrafanaアイコンを変えちゃうという技もあります。

図8.15: コレです

General / Home

Welcome to Grafana

Need help?　Documentation　Tutorials　Community　Pub

Basic

The steps below will
guide you to quickly
finish setting up your
Grafana installation.

TUTORIAL
DATA SOURCE AND DASHBOARDS

Grafana fundamentals

Set up and understand Grafana if y

　このアイコンを右クリックし「新しいタブで画像を開く〜」をやれば確認できますが、http://
<Grafana IP>/public/img/grafana_icon.svgを参照していることがわかります。

　そこで、このSVG画像を上書きしちゃおうという策です。

　今回は、このマグロのアイコン[5]にしてみます。

図8.16: 新アイコン案

5.https://icooon-mono.com/15802-%e3%83%9e%e3%82%b0%e3%83%ad%e3%81%ae%e7%84%a1%e6%96%99%e3%82%a4%e3%83%a9%e3%82%b9%e3%83%88/

Grafanaサーバーにsshし、/usr/share/grafa/public/imgを探せば上記SVG画像が見つかるかと思います。

※ない場合、findコマンド等で検索してみてください。

バックアップを取った後、お好きなSVG画像を同ディレクトリーにアップロードし、grafana_icon.svgを上書きするだけでOKです。

図8.17: icon発見。バックアップを忘れずに。

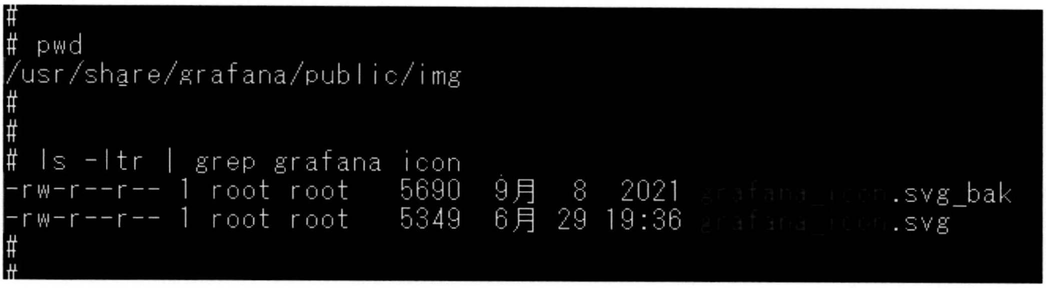

```
#
# pwd
/usr/share/grafana/public/img
#
#
# ls -ltr | grep grafana icon
-rw-r--r-- 1 root root   5690  9月  8  2021 grafana_icon.svg_bak
-rw-r--r-- 1 root root   5349  6月 29 19:36 grafana_icon.svg
#
#
```

上書きした後、F5すれば……アイコンが変わりました！

図8.18: 一目瞭然！

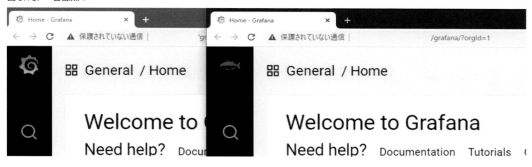

自動でログイン画面のアイコンも変わるので、ログイン誤りも防げそうですね！

図8.19: 涼しげ

　ローディング中の、Grafanaアイコンがプヨプヨ跳ねるアニメーションも変わるので、活きのよいマグロ感が出て食欲もそそります。元アイコンもサザエに見えてきますね。

　……ふざけすぎましたが、実際やるなら、検証！とか東2nd！とかを明記しちゃうのがわかりやすいのかなと思います。

図8.20: サンプル

ブラウザーのタブに表示されるアイコン (favicon) も変えると、よりわかりやすいです！

8.6 さいごに

今回は4つほどヒヤリハットと、自分なりの回避策をご紹介しました。
ひとつでも役に立つものがあれば幸いです！

第9章　バージョンアップの苦労話

八神 祥司

9.1　机上確認

　ある日、Elasticsearchをデータソースとして、Grafanaで可視化する要件のシステムを受け入れることになった。

　そのシステムのElasticsearchバージョンはv7.0系だったのだが、当時利用していたGrafanaのバージョン（4.x）では対応していないということが判明した[1]。

　そのため、Grafanaの新バージョンのリリースをすることが必要となったのだが、セキュリティーやネットワーク、利用者の問題でGrafanaを実行しているサーバーを他のサーバーに移すことが難しかった。なので、同じサーバーでバージョンアップを実施することとなった。

　別サーバーでGrafanaの新バージョンをリリースできるのであれば、旧バージョンと並行稼働させて問題なければ切り替えという簡単な方法が取れたのだが、同一サーバーとなるとそうもいかず、業務影響も大きいので入念な準備が必要である。

　まず初めにバージョンアップすることによって、新たに追加された機能や逆になくなってしまった機能をリストアップした。

　検討開始当時に最新版だったv8.0系にバージョンアップすることにしたので、公式ドキュメント[2]と現行バージョンからアップデートバージョンまでのリリースノート[3]に一通りすべて目を通し、運用上問題ないかを確認した。

　当運用チームではGrafanaを実務担当のみでなく、経営層向けへのダッシュボードとしても提供しているため、セキュリティーエリア跨ぎ（保守網、インターネットどちらからも閲覧可能）して利用している。

　そのため、特に利用ユーザーの極秘情報（氏名、クレジットカード番号など）などを保守網環境から持ち出すことができるような機能（ファイルアップロードなど）が追加されていないかは、念入りに確認を行った。

9.2　検証環境準備

　机上ベースでの確認が終わってからは、リリースの検証および手順書の作成にとりかかった。

　Grafanaが稼働しているサーバーのあるプロダクション環境のネットワークにはリリース検証ができるサーバーはなく、我々の運用部門にはステージング環境なども割り当てられていないため、

---

1. 余談だがGrafana v9.x ではElasticsearch v7.10未満はサポートから削除されるようだ
2. https://grafana.com/docs/grafana/latest/
3. https://grafana.com/docs/grafana/latest/release-notes/

今回はクラウドを利用することにした。

　クラウドを利用する上で最初に困ったのは、プロダクション環境のGrafanaが稼働しているサーバーと同一OSが準備できなかった点である。

　ただし、今回は同一ディストリビューション[4]で、マイナーバージョンの違うマシンイメージが利用できたため、あまり気にせずに進めることにした。

　Grafanaの現行バージョンも、Grafanaのダウンロードページ[5]に従えば特に問題なく進められた。

　次に行ったのが、Grafanaダッシュボードで表示するデータソースの作成である。

　我々の運用部門ではZabbix[6]が監視ツールのデファクトスタンダードとなっているため、Zabbixサーバーの構築を実施した[7]。

　検証で一番困ったのがこの部分なのだが、プロダクション環境には様々なバージョンのZabbixが200台以上乱立しており、すべてを検証するのは現実問題不可能だ。

　さらにかなり古いバージョン（Zabbix v2.x）もまだ現役で動いており、今からこのバージョンをクラウド環境で構築することはできなかった。

　そのため、利用者には申し訳なかったのだがZabbixのv4.x系で検証を行い、他のバージョンについてはプロダクション環境で実際にバージョンアップを実施した後、動作に問題ないかを確認してもらうような方針にすることにした（後々発生した問題と解決策は後述）。

　GrafanaでZabbixをデータソースとして利用する場合は、Zabbixが標準で用意されているデータソースではないため、プラグイン[8]を入れて対応することになる。

　プラグインの導入はgrafana-cliコマンドを利用し、インターネット経由でインストールするのが一般的だが、プロダクション環境はインターネットへの接続が不可のため、Github[9]からzipファイルをダウンロードしファイルからインストールを行った。

```
# unzip alexanderzobnin-zabbix-app-x.x.x.zip
# cp alexanderzobnin-zabbix-app /var/lib/grafana/plugins/
# systemctl restart grafana-server
```

　このとき、プラグインのバージョンをプロダクション環境に合わせて3.9.1にしようとしたのだが、なぜかエラーとなり、うまくいかなかった。

　現行のプロダクション環境と同様の方法でプラグインのインストールを行ったのだが、どうしてもインストールできなかった。

　参考までに、当時のプラグイン設定画面のキャプチャを載せておく（Grafana v4.xでZabbixプラグインの3.9.1がインストールできている。よく見るとDependenciesがGrafana 5.xとなっていた。今となっては謎な事象である）。

---

4. 以下CentOSでのコマンド表記となる
5. https://grafana.com/grafana/download
6. https://www.zabbix.com/jp/
7. ここから先のデータソース周りの話はZabbixがメインとなってしまうがご容赦いただきたい
8. https://grafana.com/grafana/plugins/alexanderzobnin-zabbix-app/
9. https://github.com/alexanderzobnin/grafana-zabbix/releases

色々検索してもGrafanaをバージョンアップしろというアドバイスしか見つからずここでも、プロダクション環境と環境を合わせることができなかった[10]。

どうしようもなかったため、Grafanaのバージョンアップ後に利用予定だった4.0.1を利用して検証を行った。

図9.1: プロダクション環境のプラグイン設定画面

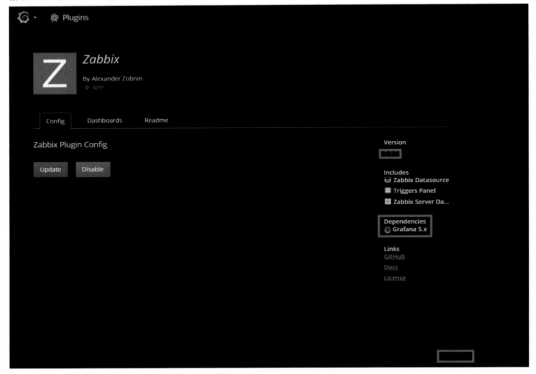

少しプロダクション環境と差分が発生してしまったが、一応検証環境の準備が完了したので、マシンイメージのバックアップを取得し、何度もリリース検証を行えるよう準備もしておいた。

9.3 リリース手順書作成

リリース手順については、まずは公式ページ[11]を確認しました。

基本的にはこのページ通りに実施すれば、特に困ることはなかったです。

ただ前述の通り、プロダクション環境はインターネット疎通や利用できるリポジトリーサーバーがなかったため、事前にRPMファイルを検証環境でダウンロードしておき、それを適用という方式を採用した。

Centos / RHELであれば、RPMファイルをダウンロードするコマンドは下記の通りである。

---

10. これからGrafanaを新規構築される方には、ぜひDockerやマシンイメージのバックアップをおすすめしたい

11. https://grafana.com/docs/grafana/latest/installation/upgrading/

```
# yum install --downloadonly --downloaddir=<directory> <package>
```

　また、Grafanaのバージョンアップと一緒にプラグインもアップグレードする場合は依存関係も
あるため、一度プラグインを削除してから再度インストールしたほうが安心である。
　前章でZabbixプラグインの閉域環境でのインストールは記載済みなので、インストール方法は割
愛するが、削除については下記のように実施した。

```
# grafana-cli plugins ls
→再インストールしたいプラグインのIDを確認

# grafana-cli plugins remove <plugin-id>

# grafana-cli plugins ls
→削除されたことを確認
```

　プラグインの操作コマンドの詳細は、公式ページ[12]をご参照いただきたい。

　そしてrpmコマンドでGrafanaのバージョンアップを実施するのだが、必要に応じて既存ファイ
ルのバックアップは忘れないよう気を付けてほしい（当運用チームではDBにはsqlite3を使用）。

```
# mkdir /tmp/grafana_backup
# cd /var/lib/grafana/
# ls -l grafana.db
# echo ".dump" | sqlite3 grafana.db | gzip -c > /tmp/grafana_backup/grafana.dump.
gz

# mv /etc/grafana/grafana.ini /tmp/grafana_backup/grafana.ini
```

　バックアップができたら、実際にアップデートを実施する。

```
# cd /path/to/rpm_package_directory
# rpm -Uvh grafana-8.X.X-X.x86_64.rpm
```

　バージョンアップされていることは、rpm -qaコマンドで確認可能。

```
# rpm -qa | grep grafana
→バージョンが上がっていることを確認
```

12.https://grafana.com/docs/grafana/latest/administration/cli/

その後、コンフィグファイルを変更する必要がある。

旧バージョンのときから比べるとかなり設定可能な項目が増えていたが、特別な設定はあまりしておらず、認証方式のみ社内のLDAPサーバーを利用していたり、ログインセッションを設定していただけなので、変更点もほとんどなかった。

詳細な設定については、公式ページ[13]をご参照いただきたい。

コンフィグ設定が終わったら、プロセスを再起動して反映を行う。

```
# systemctl restart grafana-server
# systemctl status grafana-server
```

導入したプラグインも反映されているか確認する。

```
# grafana-cli plugins ls
```

以上で、めでたくGrafanaの新バージョンの画面にアクセス可能となる。

この流れを作業手順書としてドキュメント化した。

9.4　リリース検証

「9.2 検証環境準備」で作成した環境を利用してGrafanaのバージョンアップを実施した際に、設定済みのデータソースやダッシュボードがバージョンアップ後も問題なく利用できるか確認する必要がある。

前述した通り、Zabbixサーバーについてはv4.x系を別インスタンスを立てて構築した。

また、他にも利用数は多くないが、データソース登録されていたPrometheusやElasticsearchなどの構築も行い、いくつかのダッシュボードの準備[14]をし、その後、3.で準備した手順を用いてGrafanaのバージョンアップを行った。

特に何も問題は起きないであろうと高を括っていたのだが、実際にバージョンアップを行った後にダッシュボードのトップページ（Dashboards>Manage）のリンクから個別ダッシュボードにアクセスしようとしたら、なぜかできなくなってしまっていた。

13.https://grafana.com/docs/grafana/latest/administration/configuration/

14.このときに有志の方が共有してくれているダッシュボードサンプルが役に立った (参考: https://grafana.com/grafana/dashboards/)

図9.2: バージョンアップ後ダッシュボードページにアクセスしたときの画面

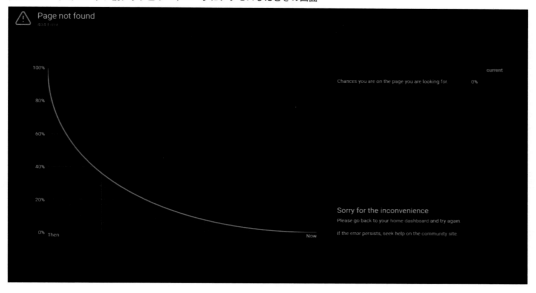

　調査したところ、Grafana v5.0[15]からダッシュボードのリンクに識別子（uid）が導入されたことによる影響であった。
　ダッシュボードのURL形式は下記の通り
　v5.0以前：/dashboard/db/:slug
　v5.0以降：/d/:uid/:slug
　さらにダッシュボードのリンクが変わっており、デッドリンクとなってしまっているため、ダッシュボードの削除もできない状況であった。
　そのためダッシュボード削除、エクスポートしたダッシュボードの設定ファイルをインポートという手段も取ることができなかった。
　すべて初期化して各利用者に再度設定してもらうことも頭をよぎったが、反発も大きいことが予想されたため、なんとか利用者への負担を減らす方向に持っていきたかった。
　幸い、他の設定項目（ユーザーやデータソース設定など）は特に問題がなかったため、ダッシュボードの設定のみすべて削除して、旧バージョンのGrafanaからダッシュボード設定をエクスポートしてもらい、新バージョンのGrafanaへインポートする方法を取ることにした[16]。
　ダッシュボードの削除については画面上ではできないので、DBから直接削除した（sqlite3の場合はdashboardテーブルに情報が格納されているため全レコードの削除）。

```
# cd /var/lib/grafana/
# sqlite3
sqlite> delete from dashboard;
```

15.https://grafana.com/docs/grafana/latest/whatsnew/whats-new-in-v5-0/
16. 当時は焦っていたこともあって思い付かなかったが、執筆している今思えば Grafana の DB からダッシュボードの uid と slug を抜いてきてリンクを書き換えればよかったのではないかと、今更ながらに後悔している

ダッシュボードを削除したのち、公式ページ[17]を参考に旧バージョンのGrafanaからダッシュボード設定をエクスポートし、新バージョンのGrafanaへインポートしたところ問題なくダッシュボードが表示された。これで、この方法で対応可能なことが実証できた。

また、業務に直接的な影響はないがv7.4から「Time series」パネルが登場しており、旧来利用してきた「Graph」パネルがバージョンアップにより「Graph(old)」と表示されるようになっていた。
バージョンアップしたときくらいしか考慮することはなさそうだが、v7.4以降からGrafanaを利用される場合は「Time series」パネルの利用を推奨する[18]。

9.5　プロダクション環境へデプロイ

色々と準備をしてきて、ようやくプロダクション環境での作業日を迎えた。
すべてのZabbixバージョンについて検証ができていないことがやはり最後まで懸念点として残ってしまっていたが、できないものはできないと腹をくくり作業を開始した。
事前に利用者への周知を行い、前段にあるWEBサーバーでアクセスポートを閉じてから作成した手順書通りにオペレーションを進めていった。
リリース検証のフェーズで何度も実施していたこともあり、特に問題も発生せず、リリース作業はあっさりと完了した。
そしてアクセスポートを開放し、各利用者へダッシュボードのインポートを依頼して不具合報告がくることがないよう祈るところまできた。

9.6　古いZabbixサーバーの連携ができない

やはり問題が出たかという思いだった。
プラグインのドキュメント[19]には下記のような記載があり、そもそもZabbix v2.X系など眼中にもなかったのだ（2022年6月時点の記載）。

Currently (in version 4.x.x) Grafana-Zabbix plugin supports Zabbix versions 4.x and 5.x. Zabbix 3.x is not supported anymore.

何が起きたかというと、グラフが表示されないという致命的な事象であった[20]。

---

17. https://grafana.com/docs/grafana/latest/dashboards/export-import/
18. 将来的に「Time series」パネルが「Graph」パネルに置き換わることがアナウンスされている (https://grafana.com/docs/grafana/latest/visualizations/graph-panel/)
19. https://alexanderzobnin.github.io/grafana-zabbix/installation/
20. なお公式には対応していないが、Zabbix 3.x系では特に問題なくグラフを表示することができた。

図9.3: データソースを Zabbix v2.x 系にした時の時系列パネル表示例

　上記画像の左上の「！」にマウスオーバーすると「Invalid params. Incorrect API "valuemap".」と表示されることから、Grafana-Zabbix プラグインで実行されている Zabbix API の調査をすることにした。

　Zabbix のドキュメント[21]を確認すると、どうやら valuemap の API メソッドは Zabbix v3.0 から提供されているようだった。

　そこで少し強引になるが、Zabbix v2.x 系の各サーバーの API 実行ファイルを修正し、何とかして valuemap API に応答できるようにすればよいのではないかと考えた。

　Zabbix のサポートページでいろいろ検索してみると、それらしき関連ページ[22]を見つけることができた。

　このページに書いてある対応方法をまずは試してみることにして、v2.x 系の Zabbix サーバーで影響が一番小さいものを選び、適用してみた。

　そして再度ダッシュボードを見てみたが、状況はまったく変わらなかった。

　そこでもう一度サポートページを見てみると、Grafana 上では「Incorrect API "valuemap".」と表示されているのに、サポートページでは valuemapping という API を適用しているようだった。

　おそらく適用したファイルを valuemapping から valuemap に変更してあげれば応答するようになるのではと考え、変更してみると無事グラフが表示されるようになったのである！

　今回初めて API の実行ファイルを弄ってみたので、実際にグラフが表示されたときは興奮したのをよく覚えている。

　少し強引な対応だったが、他の v2.x 系の Zabbix サーバーでも同じ対応をすべく手順書を作成し、運用担当に対応をお願いして反映いただいたことで、今回の Grafana バージョンアップ対応は無事に完了することができた。

9.7　さいごに

　運用メンバーや管理職、開発部署など多くの人が使っている Grafana のバージョンアップという

21.https://www.zabbix.com/documentation/3.0/en/manual/api/reference/valuemap

22.https://support.zabbix.com/browse/ZBXNEXT-1424?jql=text%20~%20%22valuemap%20get%22

ことで、計画立案から対応完了までに半年以上の期間を要した。

　技術面だけではなく、どのように利用ユーザーから理解を得ながら円滑に対応を進めていくか考えながら進めたつもりだったが、やはり実際に進めてみると他にもいろいろ不備[23]も見つかったりして、迷惑を掛けながらも特に大きな問題になることなく案件を完遂することができた。

　とてもよい経験になったし、Grafanaの理解が進んだが至らない箇所も多々あったので、これからも技術習得に励んでいきたいという決意表明をもって筆をおくこととする。

　最後まで読んでいただきましてありがとうございました。

23.v7.0 から PhantomJS が削除されたため render API が利用できなくなっていたり Zabbix v2.x 系で Problem が取得できないなど

第10章　ダッシュボードガイドラインを作ろう

鶴岡 浩平

10.1　はじめに

　Grafanaを色々な人が触る場合に、ある程度規則性がないと見づらくなってしまう。そんなときはガイドラインを作って見やすくしてみよう、といったお話です。

10.2　ガイドラインを作る目的

　ある程度の人数で同じGrafanaを利用する場合、ダッシュボードのタイトルや内容、どんなグラフを設定するかは人によってバラバラになりがちである。かくいう我々も、導入当時はシステムの担当者がそれぞれダッシュボードの設定を行った結果、
　・「システム毎に内容がバラバラで見づらい」
　・「どこに何のグラフがあるのかわからない」
と上司からお叱りを受けてしまった……
そこで我々は、「ダッシュボードガイドライン」なるものを策定したのである。

　ガイドラインの策定のメリットは主に下記の通りで、見やすくなる以外にも利点はある。
　1．新規配属者や異動者への教育の簡素化
　2．他の人がグラフを見る場合でもわかりやすくなる
　3．ダッシュボード作成のナレッジ蓄積と文書化ができる
　4．(見づらいと怒られなくなる…これが一番大きい笑)
冗談はさておき、次の項からはガイドラインの内容について触れていこう。

10.3　ガイドラインその1.ダッシュボードの命名規則

　実際にグラフを探しにくくなる一番の要因は、グラフのタイトルにある。ここがバラバラだと、その中にどんなグラフがあるのかが一目でわからない。そこで、下図1のように障害発生時や作業するときによく使うダッシュボードのタイトルについて、最低限の規則を決めた。これで見たいグラフがどこにあるのかがわかりやすくなる。

重要なのは【システム名】を頭に付けること。これがあるだけで見栄えはよくなるし、後々利点も出てくる。

それぞれのダッシュボードに設定するグラフの種類についてもある程度決まりを作ったので、次に説明しよう。

10.3.1　トラフィック_サマリ

障害対応や作業時に必要なグラフを厳選すること。必要な情報はシステム毎に異なるため、グラフは使いやすいように配置するのが望ましい。

ページを見やすくするために最低限の必須設定は次の2点

・直近のトラフィックを表示
　—障害発生時等の影響判定や作業時のトラフィック確認をするために必要な直近のグラフを表示すること。
・サービスのOK/NGの判定ができること
　—サービス毎にE2EでOKであることが確認できるようにすることで、何のサービスに影響が出ているかを一目でわかるようにする。

他に利用する頻度が高い情報については任意で追加すること。たとえば、利用者数を数値化しておくことで障害発生時に影響規模がすぐに出せるようになる。

図 10.2: 利用者数の数値化

10.3.2　トラフィック_詳細

「トラフィック_サマリ」ではE2EでOKであることが確認できるようにしたが、「トラフィック_詳細」ではできる限り全てのトラフィックを表示して、シーケンス毎のOK/NG（途中のどこでNGになっているか）が判定できるようにするのが望ましい。

サマリはパッと見でOKなのかNGなのか、詳細はどこが原因でNGになっているのかがわかるようになるのが理想である。

図10.3: シーケンス毎のトラフィックグラフ

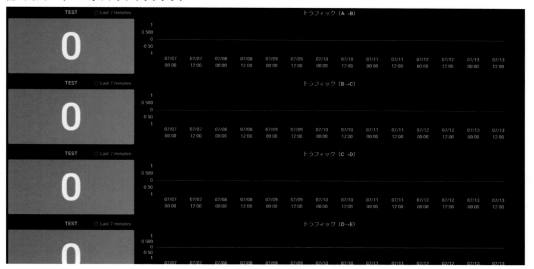

10.3.3　リソース

リソースについてはノード毎に取得できる全てのリソース（CPU、Memory、Diskなどなど）を登録する。特に細かい決めごとはないが、不要と判断した情報は除外して見やすさは意識すること。

10.4　ガイドラインその2.グラフの折り畳み

Grafanaではダッシュボードの中で行の中にグラフのパネルを入れることで、行毎に表示・非表示ができるようになる。これをしないとダッシュボードを開いた途端、全てのグラフが一斉に表示されて読み込みがとてもとても遅くなる。

また、情報をカテゴリー毎にまとめて、見たいグラフが探しやすいようにするのにも効果的である。

折り畳み設定方法

1．新規行追加　「Add Panel」のメニューから「Add a new row」にて追加

2．新規パネル追加　「Add Panel」のメニューから「Add an empty panel」にて追加

3．追加したパネルをドラッグ＆ドロップで追加したい行に移動

これで行ごとに表示・非表示が可能となる。

図10.4: グラフの折り畳み設定

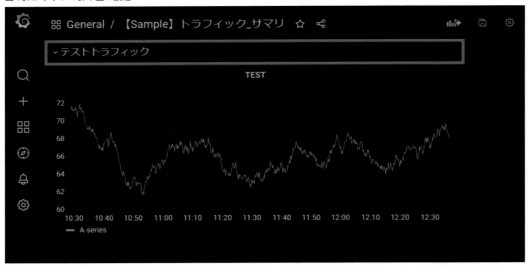

10.5　ガイドラインその3.ホームダッシュボードの設定

　ホームダッシュボードとは、Granfanaにログインしたときに一番に表示されるダッシュボードのこと。これを作っておくことで、慣れない人でもログインしてそのまま見たいグラフにアクセスが可能となる。

ホームダッシュボードの設定方法
※admin権限を持っている人しか設定できないので注意
１．ホームに設定したいダッシュボードに星を付ける（Mark as Favorite）
２．Organizationsの[設定]>[Preferences]に移動
３．[Home Dashboard]を星を付けたダッシュボードに変更

図10.5: ホームダッシュボード設定画面

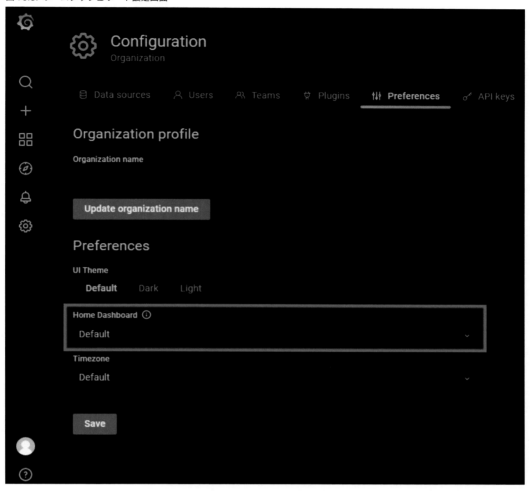

ホームダッシュボードではシステムのグラフへのショートカットを置くことで、迅速に目的のダッシュボードを探し出すことが可能となる。

ショートカット作成方法

1．新規行追加 「Add Panel」のメニューから「Add a new row」にて追加

2．新規パネル追加 「Add Panel」のメニューから「Add an empty panel」にて「Dashboard list」パネルを追加

3．設定項目「Query」に【システム名】を入力システムごとにパネルを作成して追加したい行にドラッグ＆ドロップ

※ ここでタイトルの頭に【システム名】を付けたのが活かされることになる

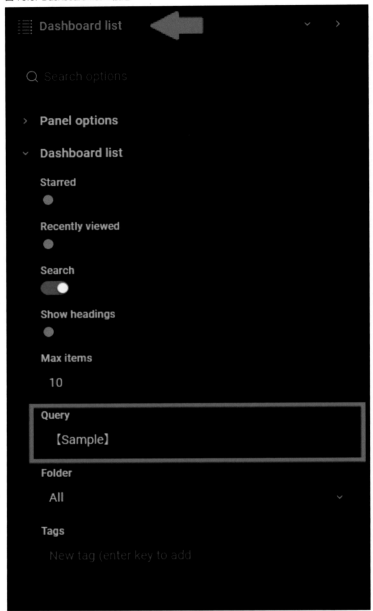

10.6　おわりに

　今回我々が策定したガイドラインもまだまだ策定したてなので、今後色々と内容が追加・修正されていくだろう。それによってより使いやすく、より見やすい（あと怒られない）ダッシュボードを目指していきたい。

第11章　ElasticsearchのデータをGrafanaで可視化

瀧川 大樹

11.1　Grafanaで可視化した目的

　こんにちは、たつきちです。私のパートでは、Erasticsearch[1]のデータをGrafanaで可視化した話について説明します。「11.1 Grafanaで可視化した目的」でGrafanaで可視化した目的について説明し、「11.2 GrafanaとKibanaの機能比較」でGrafanaとKibanaの機能比較をした後に、「11.3 Time seriesの可視化設定」と「11.4 Time series以外の可視化設定」で具体的なGrafanaの設定について説明します。

　まず、Elasticsearchの概要について説明します。ElasticsearchはElastic社が提供している、オープンソースの全文検索エンジンで、同様にElastic社が提供している可視化ツールのKibana[2]で可視化させるケースが多く見られます。可視化ツールとは、サーバーの正常性の状態やサービス状態をトラフィックのグラフ等で見える化するツールを指します。

　KibanaではなくGrafanaで可視化した目的は、運用業務の効率化です。私の部署では多くのシステムを保守運用しているため、可視化ツールがシステム毎にバラバラで存在すると、以下のような問題が発生します。

　1．設定追加を可視化ツール毎に実施する必要がある
　2．操作方法を可視化ツール毎に覚える必要がある
　3．システムの正常性確認時に、システム毎の可視化ツールを確認する必要がある

　効率的に運用するため、私が所属している部署では、可視化ツールをGrafanaに集約しています。Grafanaは連携できるデータソースの種類が多いため、集約する先として適しています。実際に私の部署では、Grafanaに可視化ツールを集約させることによって上記の問題を回避し、効率的に運用業務ができるようになりました。

11.2　GrafanaとKibanaの機能比較

　本章では、Kibanaの代わりにGrafanaを利用しても問題ないか、GrafanaとKibanaの機能比較をすることによって示します。まず、ElasticsearchとKibanaの概要について説明します。

　Elasticsearchを利用すると、Elasticsearch上のindex[3]に蓄積したデータから指定の文字を高速に検索、操作することができます。単位時間辺りの指定の文字列の出現回数を算出できるので、サー

1.https://www.elastic.co/jp/elasticsearch/

2.https://www.elastic.co/jp/kibana/

3.https://www.elastic.co/guide/jp/elasticsearch/reference/current/gs-basic-concepts.html

バーやソフトウェアのログをElasticsearch上に蓄積すれば、サーバーやソフトウェアの様々な指標を数値化して表現することができるようになります。

　Kibanaとは、Elastic社が提供しているユーザーインターフェースで、Elasticsearchと連携させることで、Elasticsearch上のデータを時系列グラフなどに可視化することができます。KibanaはElasticsearchに特化しているため、Elasticsearchに対して主にデータ検索機能と可視化機能が充実しています。主な機能である、データ検索機能と可視化機能をKibanaとGrafanaで比較を実施します。

【データ検索機能】
■ Grafana
Lucene Query[4]

■ Kibana
Lucene Query、Query DSL[5]、KQL[6]

【可視化機能】
■ Grafana
・Graphs & charts
Time series, State timeline[7], Status history[8],Bar chart, Histogram, Heatmap, Pie chart, Candlestick
・Stats & numbers
Stat, Guage, Bar guage
・Misc
Table, Logs, Node Graph
・Widget
Dashboard list,Alert list, Text panel, News Panel

■ Kibana
・Graphs & charts
Lens visualization[9],TSVB[10],Timelion[11],Vega@<fn>{fn-11012,Area,Heatmap Pie chart,polyline,
・Stats & numbers

4.https://www.lucenetutorial.com/lucene-query-syntax.html

5.https://www.elastic.co/guide/en/elasticsearch/reference/current/query-dsl.html

6.https://www.elastic.co/guide/en/kibana/master/kuery-query.html

7.https://grafana.com/docs/grafana/latest/visualizations/state-timeline/

8.https://grafana.com/docs/grafana/latest/visualizations/status-history/

9.https://www.elastic.co/jp/kibana/kibana-lens

10.https://www.elastic.co/guide/en/kibana/current/tsvb.html

11.https://www.elastic.co/guide/en/kibana/current/timelion.html

Metric,TSVB,Gage,

・Misc

Table,Tag Cloud,Map,Horizontal Bar,Vertical Bar

・Widget

Mark down,Control

　まず、データ検索機能について比較します。下記のとおり、Grafanaに比べて、Kibanaの方がデータ検索に多くの構文を利用することができます。GrafanaはLuceneと呼ばれるElasticsearchが利用している検索ライブラリーが利用しているLuceneクエリのみ利用できますが、KibanaはLuceneクエリの他、Erasticsearch独自のQuery DSL、Kibana独自のKQLを利用することができます。

　次に、データの可視化機能について比較します。KibanaもGrafanaも下記の通り、豊富に可視化機能を揃えています。

　KibanaはLens visualizationという動的な可視化作成機能を持っています。Lens visualizationを利用するとドラッグ＆ドロップのシンプルな動作でグラフを作成することができ、可視化設定の負荷が軽減することが期待できます。また、TimelionやVegaなどでプログラマブルに可視化設定を行うことによって、より柔軟に可視化を実施することが可能です。

　GrafanaはLens visualizationのような機能はありませんが、Kibanaとほぼ同様の可視化機能を備えてます。また、Widgetの部分にある通り、ダッシュボードの編集機能を豊富に備えてます。

　データの検索機能と可視化機能の比較を実施しましたが、Kibanaは多機能で柔軟にデータ検索、可視化できますが、GrafanaもKibanaと同じくらい多機能で、システム運用の現場で利用できる十分な機能を持ち合わせています。また、本章では示してませんが、ユーザーインターフェースについてもわかりやすく直観的に設定が可能となっています。次章からは具体的なGrafanaで、Elasticsearch上のデータを可視化する方法について説明します。

11.3　Time seriesの可視化設定

　本章では、実際にElasticsearchのデータをGrafanaで可視化するための基本的な設定について示します。可視化の設定として用いられる頻度が多い、時系列データのグラフであるTime seriesのグラフを設定例とします。使用しているバージョンによってインターフェースが異なるため、多少設定方法が異なる可能性はありますが、ご了承ください。Elasticsearch上のデータをGrafana上に表示させるためには、下記ふたつの設定が必要です。

・データソースの設定

　——Elasticsearchのindexや認証の情報をデータソースに設定します。

・ダッシュボードの設定

　——上記で設定したデータソース上を元に、ダッシュボード上にグラフを表示させる設定をします。

以降、データソースの設定とダッシュボードの設定の具体的な手順を示します。

■データソースの設定手順

データソースの設定手順の概要は以下の通りです。

1．Elasticsearch の index を設定
2．HTTP の設定
3．Auth の設定
4．Erasticsearch の設定

手順の詳細について下記に示します。

11.3.1　Elasticsearch の index を設定

図11.1は Grafana の Configuration メニュー画面です。追加するデータソースを選択する画面に遷移するには、Configuration メニュー画面上の赤枠の部分を選択すると、データソースを追加するための画面に遷移することができます。

図 11.1: Grafana Configuration メニュー画面

図11.2は Grafana のデータソース選択画面を示しています。

Grafana では Elasticsearch は Logging & Document Databases に分類されています。データソース選択画面上の Elasticsearch を選択すると、データソースの設定画面へ遷移します。

図 11.2: Grafana データソース選択画面

図11.3は Grafana のデータソース設定例を示しています。赤枠部分が設定が必要な部分です。データソースの名前は、index 毎にデータソースとして登録する必要があるので、他の elasticsearch のデータソースと区別がつく名前で登録することをおすすめします。名前の他、以下大きく3つの設定が必要です。データソースの設定が完了後、追加したデータソースがダッシュボード上で利用することができます。

11.3.2　HTTP の設定

Elasticsearch がインストールされているサーバーの URL と、リクエストのタイムアウト時間を設定してください。

11.3.3　Authの設定

　Elasticsearchで利用している認証方式を選択してください。複数の認証方式がありますが、今回はBasic認証を利用する場合について説明します。ElasticsearchのX-packセキュリティーを有効にすることで、無料の範囲内でBasic認証を設定できます。ElasticsearchのX-packセキュリティーを有効化する設定に関しては、Elasticsearchのマニュアル上の「Securityを始めてみよう[12]」に記載されてますので、こちらを参考に設定してください。Elasticsearch上でBasic認証が完了後、Elasticsearch上で有効化したBasic認証のユーザーとパスワード情報について設定してください。

11.3.4　Elasticsearchの設定

　表示したいElasticsearch上のindexの名前を入力してください。Time field nameには時系列グラフなどで利用するグラフの時間に使うフィールドを設定します。設定例の@timestampは通常、indexのタイムスタンプのフィールドでデータが生成された時間(indexにデータを取り込んだ時間)を示しています。実際のログの時間のデータを利用したい場合は、こちらのフィールドを変更するか、Elasticsearchに取り込む際に@timestampの値を実際のログの時間のデータに変更する必要があります。私の環境では、Elasticsearchへデータを取り込む際に、Logstash[13]を利用して取り込んでいますLogstashの機能のひとつであるDate filter Plugin[14]を利用すれば、こちらのログの時間を変更することができるので、@timestampの設定変更が必要であれば、参考にしてください。

12.https://www.elastic.co/guide/jp/x-pack/current/security-getting-started.html

13.https://www.elastic.co/jp/logstash/

14.https://www.elastic.co/guide/en/logstash/current/plugins-filters-date.html

図11.3: Grafana データソース設定例

■ダッシュボードの設定手順

　ダッシュボードの設定手順の概要は、以下の通りです。可視化の形式はTime seriesを例に示します。
　1．ダッシュボードを新規作成
　2．可視化の形式設定
　3．Metric Query Editorの設定

　手順の詳細について下記に示します。図11.4はダッシュボードを追加するCreateメニュー画面です。図11.4の赤枠を選択すると、新しいダッシュボードが作成されます。ダッシュボード作成後、グラフなどを挿入するパネルを作成します。図11.5はパネル追加ボタンです。図11.5の赤枠部分を選択すると、図11.6のパネル設定追加画面が表示されるので、図11.6の赤枠部分を選択します。グラフの設定追加画面が表示されるので、グラフの種類は図11.7の赤枠の部分で、時系列グラフである「Time series」を選択します。次に、図11.8の赤枠の部分を設定します。Queryの部分でLucene構文でElasticsearchにクエリを投げることも可能ですが、下記3つの設定を実施することによって直感的に設定することが可能です。

　・Data source
　データソースの設定で作成したデータソースを選択します。設定例では、データソースの設定手順で作成した「elasticsearch」を設定しています。

　・Metric
　グラフに表示させる形式を設定することができます。単位時間辺りの数、平均、合計、最大、最小等の設定が可能です。設定例では単位時間辺りの数である「Count」を設定しています。

　・Group By, Then By
　グラフに表示させる統計を操作することができます。フィルターをかけて表示させるデータを限定、またデータの集計時間を様々な時間に変更することができます。設定の例では、統計の集計時間の値を5minに設定変更しています。

　設定が完了すれば、図11.9がダッシュボード上に表示されます。

図11.4: ダッシュボード追加画面

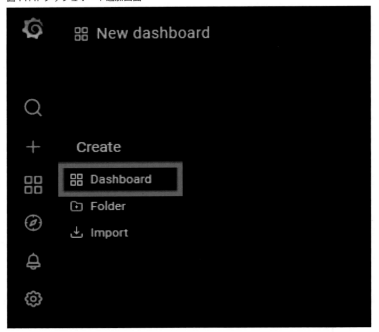

図11.5: パネル追加ボタン

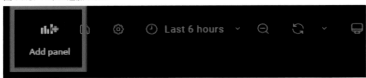

図11.6: パネル設定追加画面

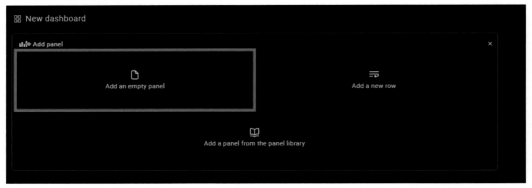

図 11.7: Time series グラフ設定追加画面

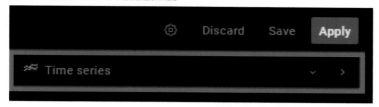

図 11.8: Time series グラフ設定追加画面 (Metric Query Editor)

図 11.9: 完成した時系列グラフ

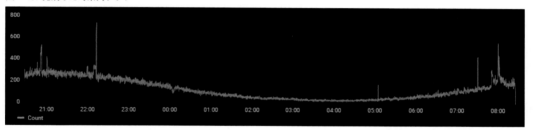

11.4 Time series 以外の可視化設定

　最後に、私が実際に運用で利用している Time series 以外の可視化設定について紹介します。図 11.10 はダッシュボードの設定例です。ダッシュボードに様々なグラフやログの情報などを埋め込むことによって、システムの状態の把握や異常を一目で確認することができるようになります。このダッシュボードで利用している Guage、BarGuage、Logs、State timeline の可視化の方法について、以下に示します。

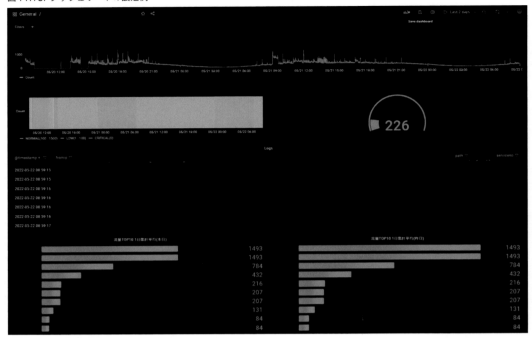

11.4.1　Guageの設定

　図11.11はGuageで設定したグラフです。Guageを利用することによって、現在の統計の値が異常であるかを直感的に判断することができます。このGuageでは、現在の統計の単一の値を表示させることが可能です。また、Standard optionsの設定に最大値の設定を追加、Thresholdsの設定に閾値の設定を追加することによって、現状の統計の値が異常であるかを直感的に判断することが可能です。設定例を図11.12、図11.13、図11.14に示します。閾値を2000として、閾値2000を下回ると、統計値が赤で表示されるように設定しています。

図11.11: Guage で設定したグラフ

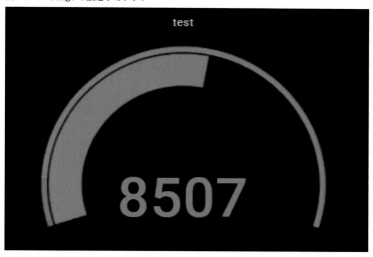

図11.12: Guage グラフの設定追加画面

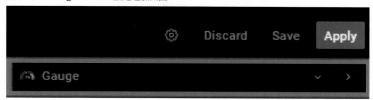

図11.13: Guage グラフの設定追加画面(Metric Query Editor)

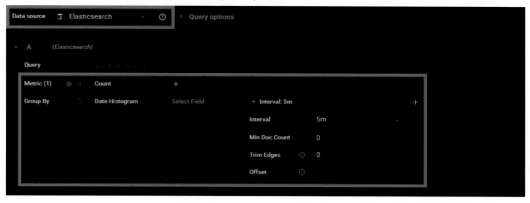

図 11.14: Guage グラフの設定追加画面 (Options)

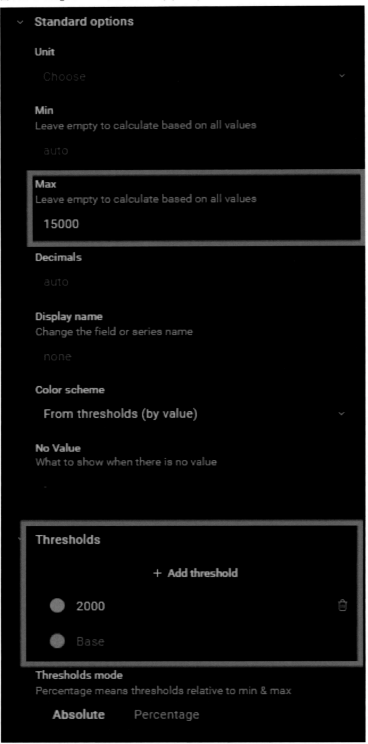

11.4.2 BarGuageの設定

　図11.15は、Bar Guageで設定したグラフです。Guageは単一の統計値だけでしたが、Bar Guageを利用することにより、ひとつの統計値に対して、単位時間辺りのランキング形式で表示・比較することができるようになります。サーバーやサービス毎に単位時間のトラフィック比較などができるようになります。設定例を図11.16と図11.17に示します。図11.17の設定例を説明します。Group ByのFilterのQuery部分に検索ワードを入れることにより、対象の絞り込みを実施します。ひとつ目のThen ByのTermsにランキング化したいelasticsearchのindex上のカラムと、昇順・降順を設定します。ふたつ目のThen ByのDataHistogramにelasticsearchのindex上のタイムスタンプと、ランキングしたい単位時間を設定します。

図11.15: Bar Guageで設定したグラフ

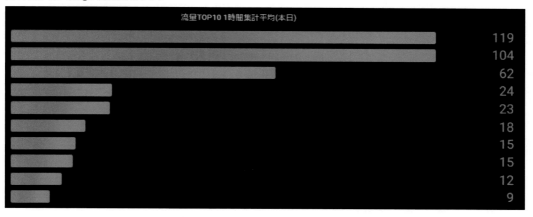

図11.16: Bar Guageグラフの設定追加画面

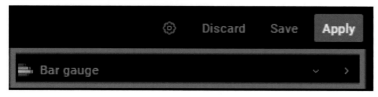

図 11.17: Bar Guage グラフの設定追加画面 (Metric Query Editor)

11.4.3 Tableの設定

　図11.18は Table で設定した表です。Table を利用することにより、Elasticsearch の index 上のド
キュメントを確認することができます。サーバー上のログ情報を表示させることが可能で、ログの
フィルター、フィールドの絞り込み、Metric Query Editor を利用すれば、ログの検索も利用する
ことが可能です。設定例を図11.19、図11.20、図11.21、図11.22、図11.23に示します。まず、作成
した elasticsearch のデータソースの設定部分に Logs の設定があるので、図11.19に示す通り、表示
させたいログの index 上のフィールドの名前と、必要あれば loglevel のフィールドの名前を入力しま
す。次に図11.20に示す通り、可視化の形式として Table を選択し、図11.21に示す通り Metric Query
Editor の Metric で Logs を選択します。Options で取得するログの行数の制限を設定することが可能
です。上記の設定を実施すれば、ダッシュボード上にテーブルを表示させることが可能です。以降
の設定はテーブルの表示の形式に関わる部分のため、お好みで設定を加えてください。図11.22は
テーブルオプションの設定で、テーブル上にヘッダーを追加、フィールド部分にフィルターを追加
することができます。図11.23は、Metric Query Editor の横の Transform の設定でテーブルに表示
させるフィールドの絞りこみを実施できます。

図11.18: Table で設定した表

図11.19: データソース上の設定

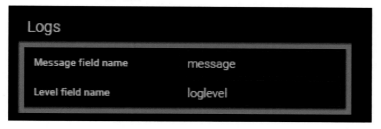

図11.20: Table の選択画面

図11.21: Table の設定方法(Metric Query Editor)

図 11.22: Table のテーブルオプション設定

図 11.23: Table のカラムの絞り込み

11.4.4　State timeline の設定

　図11.24 は State timeline で設定したグラフです。Value mapping の設定で閾値を設定することにより、時間毎の状態の遷移を一目で確認することができます。図のグラフでは、赤の時間がトラフィックが 0 であること、緑の時間がトラフィックが通常量であること、青の時間はトラフィック量が少ないことを表現しています。具体的な設定について説明します。まず、図11.25 の通り、Time-Line の際と同様の設定を追加します。その後、図11.26 の通り、表示の設定を State timeline の設定で変更します。Merge equal consecutive values の設定を ON することによって、隣の値と値が一緒の場合は状態が結合されて表示が見やすくなるため、設定を ON にすることをおすすめします。また、Line width と full opacity の設定も最大にする方が表示が見やすくなるため、最大の設定をおすすめします。最後に、状態の閾値を設定します。図11.27 は Value mapping の設定で、こちらで状態の閾値や状態変更がされた場合のグラフの色の設定を実施することができます。

図11.24: State timeline で設定したグラフ

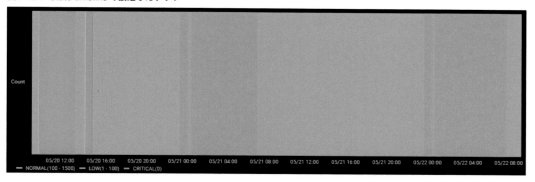

図11.25: State timeline の設定方法 (Metric Query Editor)

図 11.26: State timeline の設定方法 (表示設定)

図 11.27: Value mapping の設定方法

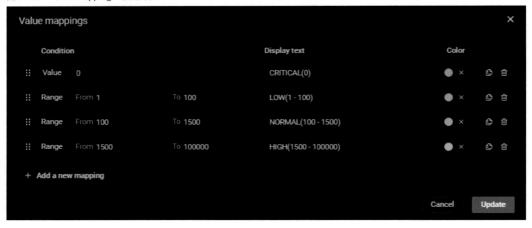

著者紹介

干場 雄介 (ほしば ゆうすけ)

中堅システム会社でPCやサーバーのキッティング、客先の少数情シスへの常駐などを経て、2013年から通信会社に勤務。携帯事業に附随したサービスのサーバー運用に従事し、2018年頃から、GrafanaとZabbixによるサービスリクエストの可視化で運用改善を推進。当初はチーム内の利用だったが、継続的な普及活動に成功し、運用部門全体で活用される。OSSを組み合わせて、システム運用業務を楽にできないかと常に思案中。

北崎 恵凡 (きたざき あやちか)

20年にわたってISPと携帯事業にてメッセージングサービス、システムの設計・開発・運用に携わり、現在は商用ネットワークとサーバ設備の保守運用業務を担当。社外では迷惑メール対策委員会、迷惑メール対策推進協議会、インターネット協会 客員研究員、JPAAWGメンバーなど、安心・安全なコミュニケーションが提供されるために精力的に活動。趣味でモノづくり活動やコミュニティ「野良ハック」や技術書の執筆や月刊I/O（工学社）、シェルスクリプトマガジン (USP出版) などへの寄稿を行う。共著書に「Jetson Nano超入門」（ソーテック社）、「現場で使える！Google Apps Scriptレシピ集」（インプレスR&D）がある。

青木 敬樹 (あおき ひろき)

学生時代は機械工学を専攻。三次元画像の特徴量抽出に関して研究。2021年に某通信会社に入社。入社後はサーバ・インフラの保守運用業務を担当。社内の「プロアクティブな運用」の推進チームの一員として活動し、運用可能な自動化を実現するために日々勉強中。

高橋 哲平 (たかはし てっぺい)

1990年、東京生まれ。学生時代は電気/情報分野を専攻。大学院では画像圧縮分野の研究を新規で立ち上げ、可逆圧縮アルゴリズムの最適化を追求。
2015年より某通信会社にてサーバ/アプリケーション保守運用業務を担当。通信設備の安定稼働維持に注力する傍ら、GASを始めとした自動化/RPA推進や、Django/Nuxt.jsを用いた業務改善Webアプリケーション開発等にも従事。現在は社内の「プロアクティブな運用」の推進チームの一員として活動中。

八神 祥司 (やがみ よしじ)

学生時代は画像処理分野を専攻し、C言語やPythonを用いてDepth画像から人の3次元体系推定を行う技術を開発。2015年より某通信会社にてサーバ/アプリケーション保守運用業務に従事。保守運用業務に注力する傍ら、IoT関連のシステム開発や社内資産運用のマーケットアナリスト業務など様々な業務を経験。

鶴岡 浩平 (つるおか こうへい)

学生時代は電気工学を専攻。情報系ではなかったため殆ど経験ゼロの状態で2014年に某通信会社に入社。入社後はサーバ及びアプリケーション保守運用業務を担当し、お客様のサービス継続性を維持するために日々保守運用業務に注力している。もちろんプログラミングについても学生時代には経験がなかったため、業務を通して現在も鋭意勉強中。

瀧川 大樹 (たきがわ だいき)

学生時代は社会情報学を専攻、推薦アルゴリズムについて研究。強調フィルタリングとコンテンツベースフィルタリングを組み合わせた独自のアルゴリズムを考案、LAMPで実装。また、研究の傍らデータセンターのアルバイトでサーバーの保守運用業務を経験。2014年より通信会社にてサーバ/アプリケーション保守運用業務に従事。保守運用業務に注力する傍ら、情報処理安全確保支援士の資格を取得し、システムのセキュリティ管理業務にも従事。

◎本書スタッフ
アートディレクター/装丁：岡田章志＋GY
編集協力：山部 沙織
ディレクター：栗原 翔
〈表紙イラスト〉
ジェームス
同人と商業で活動中。商業はTL漫画の執筆ほか、書籍の表紙やカットなどを執筆。

Twitter @jms_pnt

技術の泉シリーズ・刊行によせて
技術者の知見のアウトプットである技術同人誌は、急速に認知度を高めています。インプレスR&Dは国内最大級の即売会「技術書典」（https://techbookfest.org/）で頒布された技術同人誌を底本とした商業書籍を2016年より刊行し、これらを中心とした『技術書典シリーズ』を展開してきました。2019年4月、より幅広い技術同人誌を対象とし、最新の知見を発信するために『技術の泉シリーズ』へリニューアルしました。今後は「技術書典」をはじめとした各種即売会や、勉強会・LT会などで頒布された技術同人誌を底本とした商業書籍を刊行し、技術同人誌の普及と発展に貢献することを目指します。エンジニアの"知の結晶"である技術同人誌の世界に、より多くの方が触れていただくきっかけになれば幸いです。

株式会社インプレスR&D
技術の泉シリーズ　編集長　山城 敬

技術の泉シリーズ

図解と実践で現場で使えるGrafana

2022年12月2日　初版発行Ver.1.0（PDF版）
2022年12月23日　Ver.1.1

著　者　干場 雄介,北崎 恵凡,青木 敬樹,高橋 哲平,八神 祥司,鶴岡 浩平,瀧川 大樹
編集人　山城 敬
企画・編集　合同会社技術の泉出版
発行人　井芹 昌信
発　行　株式会社インプレスR&D
　　　　〒101-0051
　　　　東京都千代田区神田神保町一丁目105番地
　　　　https://nextpublishing.jp/

ISBN978-4-295-60148-7

NextPublishing®
●本書はNextPublishingメソッドによって発行されています。
NextPublishingメソッドは株式会社インプレスR&Dが開発した、電子書籍と印刷書籍を同時発行できるデジタルファースト型の新出版方式です。 https://nextpublishing.jp/